KB236046

비건 브레드

VEGAN BREAD SIROZATO · TAMAGO · NYUUSEIHIN WO TSUKAWANAI PANDUKURI
by Michiyo Asakura

백설탕, 달걀, 유제품이 들어가지 않는 빵 만들기

비건 브레드

아사쿠라 미치요 지음 | 황세정 옮김

심플라이프

집에서 만드는 건강한 빵

비건vegan이라는 말을 아시나요?

베지테리언vegetarian 즉 채식주의자 중에서도 육류 섭취뿐만 아니라 달걀과 유제품 섭취까지 하지 않는 순수 채식주의자를 비건이라고 합니다. 비건은 육류, 어류, 달걀, 유제품 같은 동물성 식품을 전혀 먹지 않으며, 기본적으로 현미와 같은 곡물, 채소, 콩류, 해조류 위주의 식사를 합니다.

빵을 만들 때는 달걀, 버터, 우유를 전혀 사용하지 않고 두유나 카놀라유 등 식물성 재료를 사용합니다. 안심하고 먹을 수 있을 뿐만 아니라 몸에 큰 부담을 주지 않는다는 것이 가장 큰 특징이지요.

음식을 너무 엄격하게 제한한다고 느낄 수도 있습니다. '과연 맛이 있을까?' 하고 생각할 사람도 있을 테고요.

이 책에 소개하는 레시피는 예전에 배운 레시피를 제 입맛에 맞는 재료로 변형하여 발전시킨 것입니다. 시행착오를 많이 거치면서 좀 더 간편하고 비건도 안심하고 먹을 수 있게 만들었지요. 현재 이러한 메뉴를 바탕으로 천연효모빵을 만드는 베이킹 교실을 운영하고 있으며, 주말에는 천연효모빵을 판매합니다. 많은 분들에게 건강한 빵을 알리면서 맛있다는 칭찬 한마디에 큰 힘을 얻습니다.

이 책을 통해 더 많은 사람들이 손으로 직접 반죽을 하여 빵을 구워내는 즐거움을 알게 된다면, 또한 갓 구운 빵을 식탁에 올리는 기쁨을 맛볼 수 있다면 정말 행복할 것 같습니다.

CONTENTS

BEFORE
⟦ 시작하기 전에 ⟧

I. BASIC BREAD
⟦ 기본 빵 ⟧

Ⅱ. STYLISH BREAD
〖 스타일리시한 빵 〗

Ⅲ. RICH BREAD
〖 리치한 빵 〗

Ⅳ. WITH BREAD
〚 빵과 어울리는 음식 〛

TOOLS

> 기본 도구

빵 만들기에 필요한 도구는 대부분 가정에 있는 것들로, 전문적인 도구는 몇 가지 안 된다. 내가 평소에 쓰는 기본 도구들을 소개한다.

WOOD SPATULA

> 나무 주걱

재료를 골고루 섞을 수 있도록 넓적한 것을 사용하는 것이 좋다. 나는 무인양품(無印良品) 제품을 쓴다.

TABLESPOON

> 테이블스푼

주로 첨채당이나 생종(生種)을 계량할 때 사용한다.

BIG BOWL

> 큰 볼

가루 종류를 담을 때 사용한다. 나는 무인양품 제품을 쓴다.

LADLE

> 국자

가루 종류를 용기에서 풀 때 사용한다.

TEASPOON

> 티스푼

주로 소금을 계량할 때 사용한다.

SMALL BOWL

> 작은 볼

소금, 첨채당, 카놀라유, 호시노 효모 등의 재료를 담을 때 사용한다.

DIGITAL SCALE

> 디지털 저울

재료를 계량할 때 사용한다. 1g 단위로 계량할 수 있어 편리하다.

PITCHER

> 피처

액체를 계량할 때 사용한다.

SCRAPER
> 스크레이퍼

반죽을 분할하거나 작업대에서 떼어낼 때 사용한다.

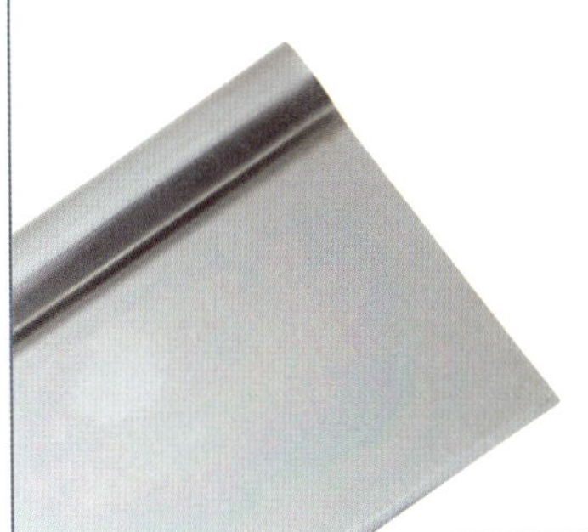

BREAD MAT
> 베이킹 매트(빵 매트)

벤치타임에 사용한다. 캔버스 천으로 된 제품을 사용하면 반죽이 달라붙지 않아 편리하다.

KITCHEN SCISSORS
> 주방 가위

빵에 칼집을 낼 때 사용한다.

CARD
> 카드형 스크레이퍼

볼에 달라붙은 반죽을 떼어낼 때나 반죽을 분할할 때 사용한다. 구비해놓으면 편리하다.

ROLLING PIN
> 밀대

반죽을 펼 때 사용한다. 나는 공기가 잘 빠지도록 표면에 요철이 있는 제품을 사용한다.

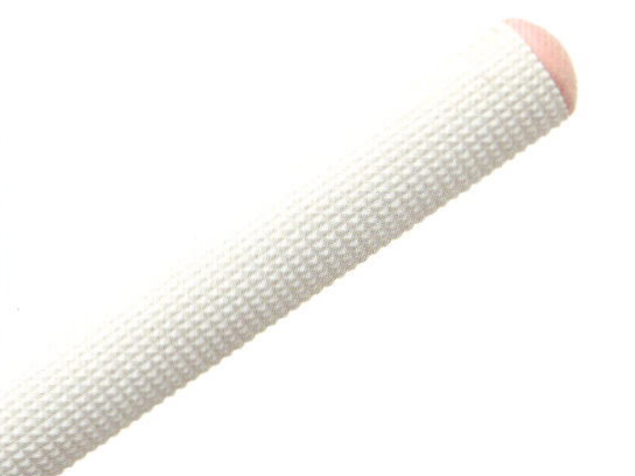

BRUSH
> 조리용 붓

반죽 표면에 두유나 올리브 오일 등을 바를 때 사용한다.

SPRAYER
> 분무기

반죽이 마르는 것을 방지하기 위해 사용한다. 다이소에서 파는 제품을 써도 충분하다.

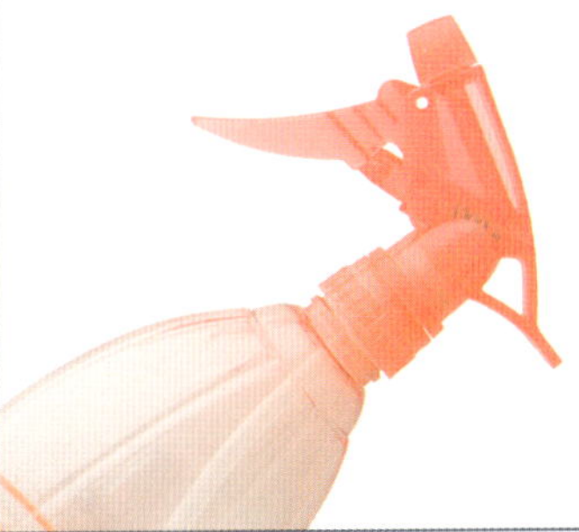

COUPE KNIFE
> 쿠페 나이프

반죽 표면에 칼집을 넣을 때 사용한다. 나는 손에 쥐기 편한 매트퍼(Matfer) 제품을 쓴다.

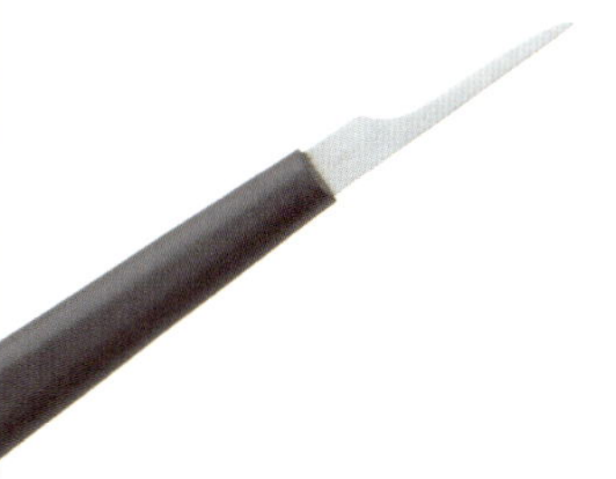

TEA STRAINER
> 차 거름망

반죽 표면에 가루 종류를 뿌릴 때 사용한다.

OVEN PAPER
> 오븐 시트

일회용 제품과 여러 번 사용 가능한 제품이 있다. 장기적으로 봤을 때는 여러 번 사용할 수 있는 제품이 더 좋다.

INGRE-DIENTS
> 기본 재료

백설탕, 달걀, 유제품을 대체할 수 있는 재료를 사용하고, 다른 재료도 가능하면 국산 유기농 제품을 사용한다.

RYE FLOUR
> 호밀가루

국산 호밀가루를 사용한다. 깊은 맛을 낸다.

BAKING TRAY
> 오븐 팬

많은 양을 구울 때는 여러 개를 구비해놓는 것이 좋다.

HOSHINO TANZAWA YEAST
> 호시노 단자와 효모(ホシノ丹沢酵母)

가나가와 현 단자와 지방에서 발견한 야생 효모를 사용한 빵종이다. 설명서에 적힌 방법대로 종을 배양한다.

http://www.hoshino-koubo.co.jp

WHOLE WHEAT FLOUR
> 전립분

미네랄이 함유된 전립분은 강력분보다 영양이 풍부하다. 다른 밀가루와 섞어 사용하면 영양가를 높일 수 있다. 나는 주로 홋카이도산 제품을 쓴다.

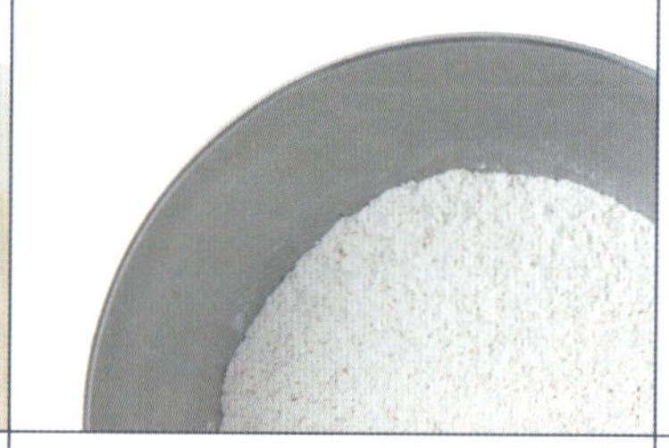

MOLD
> 빵틀

식빵 틀이나 쿠글로프 틀, 미니 파운드 틀 등 목적에 맞춰 다양한 틀을 갖춰놓으면 베이킹을 할 때 선택의 폭이 넓어진다.

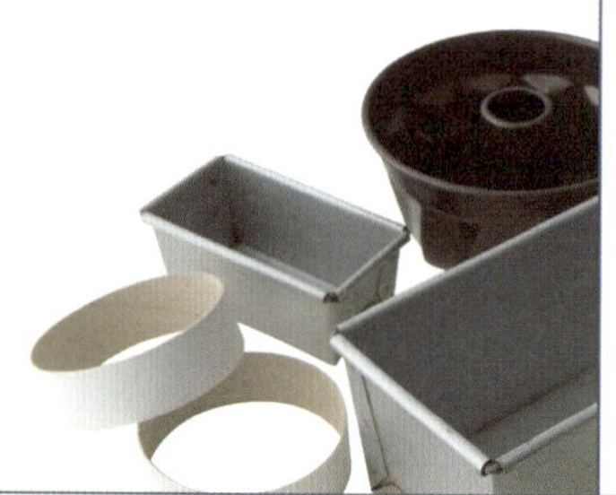

STRONG FLOUR
> 강력분

빵의 기본이 된다. 나는 홋카이도산 강력분인 '하루유타카 블렌드(はるゆたかブレンド)'와 '하루요코이(春よ恋)'를 사용한다.

WEAK FLOUR
> 박력분

가벼운 식감을 내고 싶을 때 강력분과 섞어 사용한다. 나는 홋카이도 산 제품인 '돌체(ドルチェ)'를 쓴다.

FRENCH SEMI-HARD FLOUR

> **프랑스빵용 준강력분**

식사용 빵인 루스티크나 에피 등 식감이 독특한 빵을 만들 때 섞어 사용하면 깊은 맛을 낼 수 있다.

NUT

> **견과류**

빵의 필링을 만들 때면 호두나 아몬드, 캐슈너트, 피칸 등 식감을 즐길 수 있는 견과류가 빠지지 않는다. 나는 유기농 제품을 사용한다.

SALT
> **소금**

정제염보다는 미네랄이 풍부한 천일염을 사용한다. 입자가 가는 제품이 더 좋다.

RICE FLOUR
> **쌀가루**

강력분과 섞어 사용하면 쫄깃한 식감과 가벼운 맛을 낼 수 있다. 자연식품점 등에서 국산 유기농 쌀가루를 구입할 수 있다.

RAPESEED SALAD OIL
> **카놀라유**

버터를 대신할 유지로, 빵에 촉촉한 식감을 줄 때 사용한다. 유채씨유보다 고유의 맛과 향이 나지 않고 담백한 것이 특징이다.

BEET SUGAR
> **첨채당**

사탕무를 원료로 한 것으로, 비트당이라고도 한다. 올리고당이 함유되어 혈당을 서서히 올리며 부드러운 단맛을 내는 특징이 있다.

ORGANIC DRY FRUIT
> **유기농 건과일**

레이즌(raisin)이나 커런트(currant) 등 가급적 식물성 기름을 첨가하지 않은 유기농 건과일을 사용하는 것이 좋다.

OLIVE OIL

> **올리브 오일**

엑스트라 버진 올리브 오일을 쓰는 것이 좋다. 나는 무농약 제품을 사용한다.

ORGANIC SOYMILK

> **유기농 두유**

우유 대신 사용해 농후한 맛을 낸다. 유기농 두유 대신 아몬드 밀크를 사용할 수도 있다.

BEFORE

빵은 기본만 잘 알아두면 매우 쉽고 간단하게
만들 수 있다. 먼저 오른쪽에 나와 있는 내용
을 완벽히 익혀보자.

1-1. KNEADING

> 반죽: 재료 뭉치기

큰 볼에는 가루 종류를 담고 작은 볼에는 소금,
첨채당, 물, 카놀라유, 효모 등의 재료를 넣은
뒤 주걱으로 골고루 젓는다. 작은 볼에 담긴 재
료를 큰 볼에 넣고 가볍게 섞는다. 재료가 어느
정도 섞이면 반죽이 한 덩어리로 뭉쳐질 때까
지 손으로 눌러 반죽한다.

1-2. KNEADING

> 반죽: 늘여 반죽하기

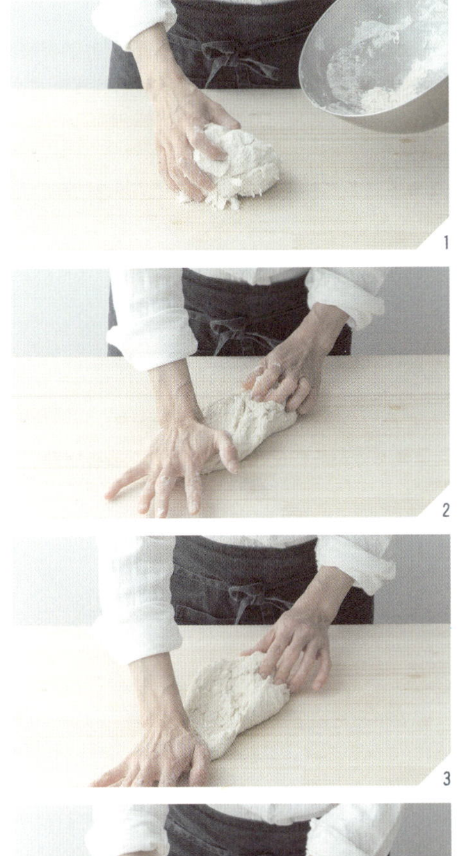

반죽을 작업대 위에 올린 다음 손바닥을 이용해 늘인다. 반죽을 안쪽에서 바깥쪽으로 밀어내듯이 늘였다가 원래의 위치로 끌어당긴 후 다시 늘인다. 늘였을 때 반죽이 끊어지지 않을 때까지 이 작업을 3~5분 정도 반복한다.

1-3. KNEADING

> 반죽: V자로 반죽하기

반죽 위에 양손을 올린 다음 V자를 그리듯이 좌우로 3~5분 정도 굴린다. 반죽 표면이 매끈해지면 손가락으로 반죽의 상태를 체크(반죽을 엄지와 중지로 잡고, 중지를 빙글빙글 돌려가며 반죽이 늘어지는 정도를 확인)한다. 반죽이 부드럽게 이어지는 상태가 되면 반죽을 마친다.

2. 1ST FERMENTATION

> 1차 발효

반죽을 작업대 위에 굴려서 둥글게 만든 다음, 볼에 넣는다. 랩을 씌운 후 2배 크기로 부풀 때까지 발효시킨다. 상온에서 발효시킬 때는 여름철에는 약 6시간, 겨울철에는 약 12시간을 둔다. 발효기를 이용할 때는 기종에 따라 다소 차이가 날 수 있지만 2시간을 기준으로 삼는다.

3. DIVISION

> 분할

반죽의 양을 계량한 다음 스크레이퍼로 잘라 일정한 크기로 나눈다. 각 반죽을 둥글게 뭉친 후 반죽의 가장자리를 가운데로 모아 봉한다. 둥글게 뭉쳐진 반죽 한가운데에 스크레이퍼로 칼집을 넣어 양옆으로 길게 잡아당기면 쉽게 나눌 수 있다.(큰 빵의 경우 나누지 않기도 한다.)

4. BENCH TIME

> 벤치타임

반죽의 이음매가 바닥을 향하게 해서 베이킹 매트 위에 반죽을 올려놓는다. 반죽이 마르지 않도록 반죽 표면에 분무기로 물을 뿌린 다음 베이킹 매트를 덮어 15분 정도 둔다.

5. FORMING

> 성형

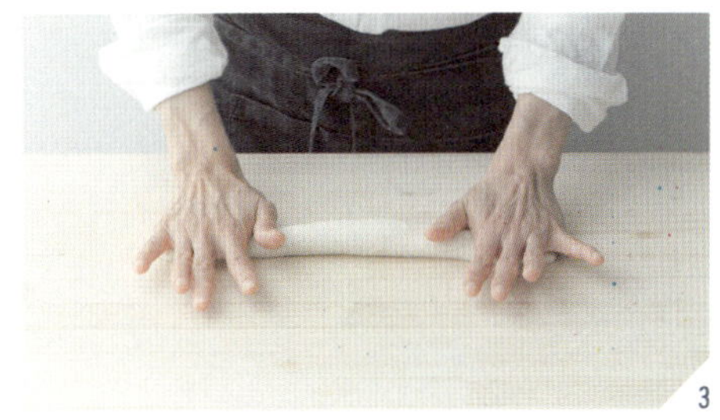

둥글게 빚거나 밀대로 밀거나 길게 늘이는 등 다양한 방법이 있으므로 자세한 내용은 뒤에 나올 레시피에서 소개하겠다.

6. 2ND FERMENTATION

> 2차 발효

오븐 팬에 오븐 시트를 깔고 이음매가 바닥을
향하도록 반죽을 올려놓는다. 이때 반죽이 서로
붙지 않도록 간격을 띄운다. 약 1.5배 크기로 부
풀 때까지 발효시킨다. 상온에서 발효시킬 때는
여름철 30분~1시간, 겨울철 1~2시간을 둔다.
발효기를 이용할 때는 기종에 따라 다소 차이가
날 수 있지만 30분을 기준으로 삼는다.

7. FINISHING

> 마무리

가루를 뿌리거나 칼집을 내거나 재료를 얹는
등 마무리를 한다. 마무리하는 방법은 워낙 다
양하므로 자세한 내용은 뒤에 나올 레시피에서
소개하겠다.

8. BAKING

> 굽기

반드시 오븐을 예열하여 지정된 온도와 시간 동안 굽는다. 단, 오븐에 따라 다소 차이가 날 수 있으므로 시간과 온도를 적절히 조정한다.

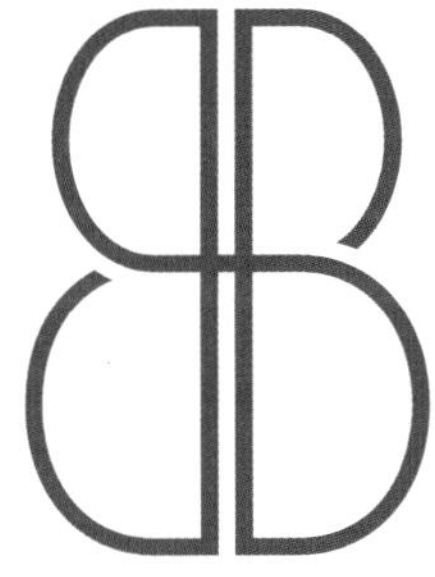

BASIC BREAD

〚 기본 빵 〛

담백한 맛을 내는 단순한 모양의 빵으로,
매일 먹어도 질리지 않는다.
레시피에 소개된 재료에 입맛에 맞는 재료를 첨가하면
빵을 만드는 즐거움이 한층 커진다.

I

WHITE BREAD

〖 흰 빵 〗

대표적인 식사용 빵인 흰 빵은 씹을수록 재료의 맛이 잘 전해진다.
입맛에 따라 잼이나 페이스트를 발라 먹어도 맛있다.

WHITE BREAD

〚 흰 빵 〛

재료〈4개 분량〉

강력분	300g	첨채당	18g	물	145g
소금	4g	카놀라유	15g	효모	24g

만드는 법

1. 반죽
큰 볼에 강력분을 담고 작은 볼에는 나머지 재료를 넣은 다음 주걱으로 골고루 젓는다. 큰 볼에 작은 볼의 재료를 넣고 가볍게 섞는다. 재료가 어느 정도 섞이고 나면 손으로 눌러 반죽한다. 반죽이 한 덩어리로 뭉쳐지면 작업대 위에 올린 다음 3~5분 동안 위아래로 늘여 반죽하기를 하고 다시 3~5분 동안 좌우로 굴려가며 V자로 반죽하기를 한다.

2. 1차 발효
반죽을 둥글게 뭉쳐 볼에 담고, 랩을 씌워 반죽이 2배 크기로 부풀 때까지 발효시킨다. 상온에서 발효시킬 때는 여름철 6시간, 겨울철 12시간이 적당하다. 발효기를 사용할 경우에는 2시간 정도를 기준으로 삼는다.

3. 분할(사진)
반죽을 볼에서 꺼내 4등분한 다음 각각 둥글게 뭉치고, 반죽의 가장자리를 가운데로 모아 봉한다.

4. 벤치타임
반죽의 이음매가 바닥에 오게 해서 반죽을 베이킹 매트 위에 올린 다음 반죽에 분무기로 물을 뿌린다. 베이킹 매트를 덮어 15분 동안 둔다.

5. 성형
다시 둥글게 모양을 잡는다.

6. 2차 발효
오븐 팬에 오븐 시트를 깔고, 이음매가 바닥에 오게 해서 반죽을 늘어놓는다. 반죽이 약 1.5배 크기로 부풀 때까지 발효시킨다. 상온에서 발효시킬 때는 여름철 30분~1시간, 겨울철 1~2시간이 적당하다. 발효기를 사용할 경우에는 30분 정도를 기준으로 삼는다.

7. 마무리
차 거름망을 이용해 반죽 표면에 강력분(분량 외)을 뿌린다.

8. 굽기
190도로 예열한 오븐에서 14분 동안 굽는다.

ROUND BREAD

〚 둥근 빵 〛

전통적인 둥근 빵. 좋아하는 음식이나 음료를 곁들여 먹어보자.

ROUND BREAD

[[둥근 빵]]

---| 재료〈6개 분량〉 |---

강력분	150g	소금	4g	효모	24g
호밀가루	75g	첨채당	18g		
전립분	75g	물	145g		

---| 만드는 법 |---

1. **반죽** 큰 볼에 강력분, 호밀가루, 전립분을 담고 작은 볼에는 나머지 재료를 넣은 다음 주걱으로 골고루 젓는다. 큰 볼에 작은 볼의 재료를 넣고 가볍게 섞는다. 재료가 어느 정도 섞이고 나면 손으로 눌러 반죽한다. 반죽이 한 덩어리로 뭉쳐지면 작업대 위에 올린 다음 3~5분 동안 위아래로 늘여 반죽하기를 하고 다시 3~5분 동안 좌우로 굴려가며 V자로 반죽하기를 한다.

2. **1차 발효** 반죽을 둥글게 뭉쳐 볼에 담고, 랩을 씌워 반죽이 2배 크기로 부풀 때까지 발효시킨다. 상온에서 발효시킬 때는 여름철 6시간, 겨울철 12시간이 적당하다. 발효기를 사용할 경우에는 2시간 정도를 기준으로 삼는다.

3. **분할(사진)** 반죽을 볼에서 꺼내 6등분한 다음 각각 둥글게 뭉치고, 반죽의 가장자리를 가운데로 모아 봉한다.

4. **벤치타임** 반죽의 이음매가 바닥에 오게 해서 반죽을 베이킹 매트 위에 올린 다음 반죽에 분무기로 물을 뿌린다. 베이킹 매트를 덮어 15분 동안 둔다.

5. **성형** 다시 둥글게 모양을 잡는다.

6. **2차 발효** 오븐 팬에 오븐 시트를 깔고, 이음매가 바닥에 오게 해서 반죽을 늘어놓는다. 반죽이 약 1.5배 크기로 부풀 때까지 발효시킨다. 상온에서 발효시킬 때는 여름철 30분~1시간, 겨울철 1~2시간이 적당하다. 발효기를 사용할 경우에는 30분 정도를 기준으로 삼는다.

7. **마무리** 차 거름망을 이용해 반죽 표면에 호밀가루(분량 외)를 뿌리고 쿠페 나이프로 네 변에 칼집을 넣는다.

8. **굽기** 200도로 예열한 오븐에서 14분 동안 굽는다.

3-1

3-2

MUFFIN

〖 머핀 〗

콘 그리츠*를 넣지 않고, 밀가루만으로 만든 머핀이다.
반으로 가른 다음 채소 등을 끼워 넣거나 살짝 구워 먹으면 맛있다.

*corn grits, 말린 옥수수를 굵게 간 가루

MUFFIN

〚 머핀 〛

재료 〈6개 분량〉

강력분	300g	첨채당	25g	물	150g
소금	4g	카놀라유	10g	효모	24g

만드는 법

1. **반죽** 큰 볼에 강력분을 담고 작은 볼에는 나머지 재료를 넣은 다음 주걱으로 골고루 젓는다. 큰 볼에 작은 볼의 재료를 넣고 가볍게 섞는다. 재료가 어느 정도 섞이고 나면 손으로 눌러 반죽한다. 반죽이 한 덩어리로 뭉쳐지면 작업대 위에 올린 다음 3~5분 동안 위아래로 늘여 반죽하기를 하고 다시 3~5분 동안 좌우로 굴려가며 V자로 반죽하기를 한다.

2. **1차 발효** 반죽을 둥글게 뭉쳐 볼에 담고, 랩을 씌워 반죽이 2배 크기로 부풀 때까지 발효시킨다. 상온에서 발효시킬 때는 여름철 6시간, 겨울철 12시간이 적당하다. 발효기를 사용할 경우에는 2시간 정도를 기준으로 삼는다.

3. **분할** 반죽을 볼에서 꺼내 6등분한 다음 각각 둥글게 뭉치고, 반죽의 가장자리를 가운데로 모아 봉한다.

4. **벤치타임** 반죽의 이음매가 바닥에 오게 해서 반죽을 베이킹 매트 위에 올린 다음 반죽에 분무기로 물을 뿌린다. 베이킹 매트를 덮어 15분 동안 둔다.

5. **성형** 다시 둥글게 모양을 잡는다.

6. **2차 발효**(사진) 오븐 팬에 오븐 시트를 깔고, 원형 틀(지름 9cm×높이 3cm)을 올린다. 이음매가 바닥에 오게 해서 반죽을 틀 중앙에 놓는다. 반죽이 약 1.5배 크기로 부풀 때까지 발효시킨다. 상온에서 발효시킬 때는 여름철 30분~1시간, 겨울철 1~2시간이 적당하다. 발효기를 사용할 경우에는 30분 정도를 기준으로 삼는다.

7. **마무리** 차 거름망을 이용해 반죽 표면에 강력분(분량 외)을 뿌린다.

8. **굽기**(사진) 반죽 위에 오븐 시트를 덮은 다음 그 위에 오븐 팬을 겹쳐 놓는다. 그 상태로 190도로 예열한 오븐에서 15분 동안 굽는다. 오븐 팬을 겹쳐 놓으면 압력이 가해져 빵 표면이 부풀지 않고 평평해진다.

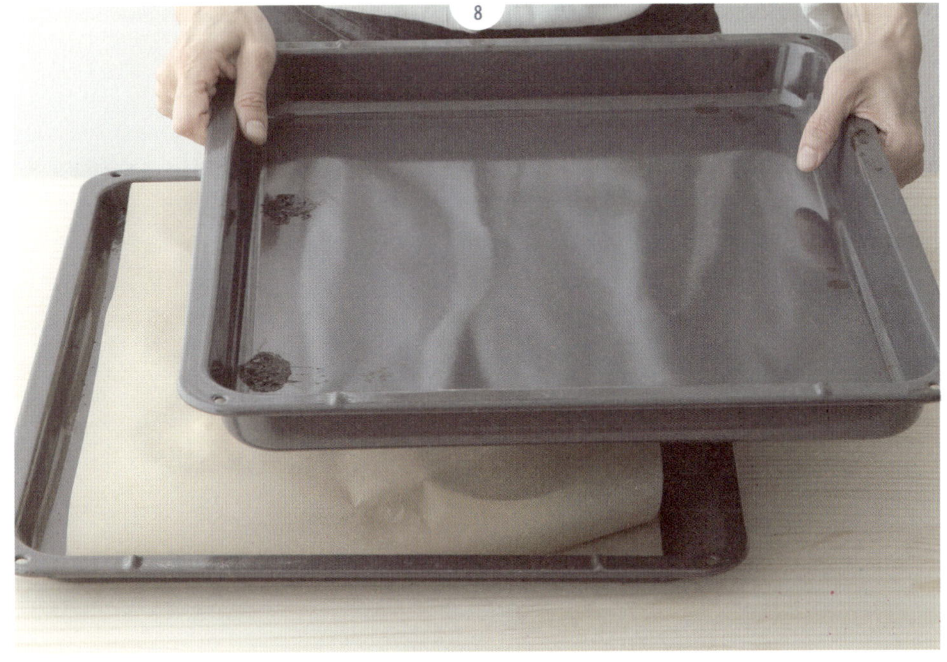

WALNUT BREAD

〚 호두 빵 〛

자그마한 호두 빵은 간식처럼 즐길 수 있다.
빵을 데우면 호두의 풍미가 한층 더해진다.

WALNUT BREAD

〚 호두 빵 〛

───────────────┤ 재료〈6개 분량〉 ├───────────────

강력분	250g	첨채당	18g	호두(잘게 부순 것)	45g
전립분	50g	물	155g		
소금	4g	효모	24g		

───────────────┤ 만드는 법 ├───────────────

1. 반죽
큰 볼에 강력분과 전립분을 담고 작은 볼에는 소금, 첨채당, 물, 효모를 넣은 다음 각각 주걱으로 골고루 젓는다. 큰 볼에 작은 볼의 재료를 넣고 가볍게 섞는다. 재료가 어느 정도 섞이고 나면 손으로 눌러 반죽한다. 반죽이 한 덩어리로 뭉쳐지면 작업대 위에 올린 다음 3~5분 동안 위아래로 늘여 반죽하기를 하고 다시 3~5분 동안 좌우로 굴려가며 V자로 반죽하기를 한다. 반죽이 완성되면 호두를 두 차례에 걸쳐 섞는다. 반죽을 늘인 다음 호두를 올려 둥글게 뭉치는 작업을 반복한다.

2. 1차 발효
반죽을 둥글게 뭉쳐 볼에 담고, 랩을 씌워 반죽이 2배 크기로 부풀 때까지 발효시킨다. 상온에서 발효시킬 때는 여름철 6시간, 겨울철 12시간이 적당하다. 발효기를 사용할 경우에는 2시간 정도를 기준으로 삼는다.

3. 분할
반죽을 볼에서 꺼내 6등분한 다음 각각 둥글게 뭉치고, 반죽의 가장자리를 가운데로 모아 봉한다.

4. 벤치타임
반죽의 이음매가 바닥에 오게 해서 반죽을 베이킹 매트 위에 올린 다음 반죽에 분무기로 물을 뿌린다. 베이킹 매트를 덮어 15분 동안 둔다.

5. 성형(사진)
반죽의 이음매가 바닥에 오게 한 다음, 밀대로 밀어 지름 10cm 정도의 원형을 만든다.

6. 2차 발효
오븐 팬에 오븐 시트를 깔고, 이음매가 바닥에 오게 해서 반죽을 늘어놓는다. 반죽이 약 1.5배 크기로 부풀 때까지 발효시킨다. 상온에서 발효시킬 때는 여름철 30분~1시간, 겨울철 1~2시간이 적당하다. 발효기를 사용할 경우에는 30분 정도를 기준으로 삼는다.

7. 마무리(사진)
스크레이퍼를 이용해 반죽에 칼집을 다섯 군데 넣는다.

8. 굽기
200도로 예열한 오븐에서 14분 동안 굽는다.

5

7

FLAT BREAD

〚 플랫 브레드 〛

중동과 서아시아 지역에서 즐겨 먹는 빵으로,
좋아하는 재료를 얹어 오픈 샌드위치로 먹으면 맛있다.

FLAT BREAD

〖 플랫 브레드 〗

─────────────┤ 재료〈6개 분량〉 ├─────────────

강력분 ──────── 270g   첨채당 ──────── 6g   효모 ──────── 24g

통밀가루 ──────── 30g   물 ──────── 140g

소금 ──────── 4g   올리브 오일 ──────── 15g

─────────────┤ 만드는 법 ├─────────────

1. 반죽
큰 볼에 강력분과 통밀가루를 담고 작은 볼에는 나머지 재료를 넣은 다음 주걱으로 골고루 젓는다. 큰 볼에 작은 볼의 재료를 넣고 가볍게 섞는다. 재료가 어느 정도 섞이고 나면 손으로 눌러 반죽한다. 반죽이 한 덩어리로 뭉쳐지면 작업대 위에 올린 다음 3~5분 동안 위아래로 늘여 반죽하기를 하고 다시 3~5분 동안 좌우로 굴려가며 V자로 반죽하기를 한다.

2. 1차 발효
반죽을 둥글게 뭉쳐 볼에 담고, 랩을 씌워 반죽이 2배 크기로 부풀 때까지 발효시킨다. 상온에서 발효시킬 때는 여름철 6시간, 겨울철 12시간이 적당하다. 발효기를 사용할 경우에는 2시간 정도를 기준으로 삼는다.

3. 분할
반죽을 볼에서 꺼내 6등분한 다음 각각 둥글게 뭉치고, 반죽의 가장자리를 가운데로 모아 봉한다.

4. 벤치타임
반죽의 이음매가 바닥에 오게 해서 반죽을 베이킹 매트 위에 올린 다음 반죽에 분무기로 물을 뿌린다. 베이킹 매트를 덮어 15분 동안 둔다.

5. 성형
반죽의 이음매가 바닥에 오도록 한 다음, 밀대로 밀어 지름 15cm 정도의 원형을 만든다.

6. 2차 발효
오븐 팬에 오븐 시트를 깔고, 이음매가 바닥에 오게 해서 반죽을 늘어놓는다. 반죽이 약 1.5배 크기로 부풀 때까지 발효시킨다. 상온에서 발효시킬 때는 여름철 30분~1시간, 겨울철 1~2시간이 적당하다. 발효기를 사용할 경우에는 30분 정도를 기준으로 삼는다.

7. 마무리(사진)
반죽 표면에 포크로 구멍을 낸 다음 통밀가루(분량 외)를 적당히 뿌린다.

8. 굽기
200도로 예열한 오븐에서 10분 동안 굽는다.

7

NAAN

〚 난 〛

인도의 대표적인 빵인 난을 가정에서도 오븐을 이용해 손쉽게 구울 수 있다.
카레에 곁들여 먹어보자.

NAAN

〚 난 〛

| 재료〈4개 분량〉 |

강력분	250g	첨채당	15g	효모	24g
전립분	50g	카놀라유	20g		
소금	4g	물	145g		

| 만드는 법 |

1. 반죽   큰 볼에 강력분과 전립분을 담고 작은 볼에는 나머지 재료를 넣은 다음 주걱으로 골고루 젓는다. 큰 볼에 작은 볼의 재료를 넣고 가볍게 섞는다. 재료가 어느 정도 섞이고 나면 손으로 눌러 반죽한다. 반죽이 한 덩어리로 뭉쳐지면 작업대 위에 올린 다음 3~5분 동안 위아래로 늘여 반죽하기를 하고 다시 3~5분 동안 좌우로 굴려가며 V자로 반죽하기를 한다.

2. 1차 발효   반죽을 둥글게 뭉쳐 볼에 담고, 랩을 씌워 반죽이 2배 크기로 부풀 때까지 발효시킨다. 상온에서 발효시킬 때는 여름철 6시간, 겨울철 12시간이 적당하다. 발효기를 사용할 경우에는 2시간 정도를 기준으로 삼는다.

3. 분할   반죽을 볼에서 꺼내 4등분한 다음 각각 둥글게 뭉치고, 반죽의 가장자리를 가운데로 모아 봉한다.

4. 벤치타임   반죽의 이음매가 바닥에 오게 해서 반죽을 베이킹 매트 위에 올린 다음 반죽에 분무기로 물을 뿌린다. 베이킹 매트를 덮어 15분 동안 둔다.

5. 성형(사진)   반죽의 이음매가 바닥에 오도록 한 다음, 밀대로 밀어 가로 10cm×세로 20cm 크기를 만들고, 반죽의 가운데 부분을 밀대로 가볍게 누른다.

6. 2차 발효   오븐 팬에 오븐 시트를 깔고, 이음매가 바닥에 오게 해서 반죽을 늘어놓는다. 반죽이 약 1.5배 크기로 부풀 때까지 발효시킨다. 상온에서 발효시킬 때는 여름철 30분~1시간, 겨울철 1~2시간이 적당하다. 발효기를 사용할 경우에는 30분 정도를 기준으로 삼는다.

7. 마무리   조리용 붓을 이용해 반죽 표면에 카놀라유(분량 외)를 바른다.

8. 굽기   230도로 예열한 오븐에서 6분 동안 굽는다.

5

BASIC BREAD

TWIST
BREAD

〚 트위스트 빵 〛

둘둘 말린 모양이 깜찍한 트위스트 빵.
길게 늘인 두 개의 반죽을 번갈아 엮기만 하면 쉽게 만들 수 있다.

TWIST BREAD

〖 　트위스트 빵　 〗

재료 〈5개 분량〉

강력분	250g	첨채당	20g	효모	24g
전립분	50g	카놀라유	15g		
소금	4g	물	150g		

만드는 법

1. 반죽

큰 볼에 강력분과 전립분을 담고 작은 볼에는 나머지 재료를 넣은 다음 주걱으로 골고루 젓는다. 큰 볼에 작은 볼의 재료를 넣고 가볍게 섞는다. 재료가 어느 정도 섞이고 나면 손으로 눌러 반죽한다. 반죽이 한 덩어리로 뭉쳐지면 작업대 위에 올린 다음 3~5분 동안 위아래로 늘여 반죽하기를 하고 다시 3~5분 동안 좌우로 굴려가며 V자로 반죽하기를 한다.

2. 1차 발효

반죽을 둥글게 뭉쳐 볼에 담고, 랩을 씌워 반죽이 2배 크기로 부풀 때까지 발효시킨다. 상온에서 발효시킬 때는 여름철 6시간, 겨울철 12시간이 적당하다. 발효기를 사용할 경우에는 2시간 정도를 기준으로 삼는다.

3. 분할

반죽을 볼에서 꺼내 10등분한 다음 각각 둥글게 뭉치고, 반죽의 가장자리를 가운데로 모아 봉한다.

4. 벤치타임

반죽의 이음매가 바닥에 오게 해서 반죽을 베이킹 매트 위에 올린 다음 반죽에 분무기로 물을 뿌린다. 베이킹 매트를 덮어 15분 동안 둔다.

5. 성형(사진)

반죽의 이음매가 위로 오게 한 다음, 밀대로 밀어 가로 5cm×세로 10cm 크기의 타원형을 만든다. 반죽을 옆으로 돌려 가로로 길게 놓고, 바깥쪽에서 몸 쪽으로 둘둘 만다. 끝부분은 손으로 꾹꾹 눌러 봉한다. 반죽을 가운데에서 양끝 방향으로 길게 늘여 20cm 길이의 둥근 막대 모양을 만든다. 같은 방법으로 똑같은 모양의 반죽을 한 개 더 만든다. 길게 늘인 두 개의 반죽을 번갈아 엮은 다음 둥근 원 모양을 만든다. 반죽이 풀어지지 않도록 양끝을 잘 이어준다.

6. 2차 발효

오븐 팬에 오븐 시트를 깔고, 이음매가 바닥에 오게 해서 반죽을 늘어놓는다. 반죽이 약 1.5배 크기로 부풀 때까지 발효시킨다. 상온에서 발효시킬 때는 여름철 30분~1시간, 겨울철 1~2시간이 적당하다. 발효기를 사용할 경우에는 30분 정도를 기준으로 삼는다.

7. 마무리

차 거름망을 이용해 반죽 표면에 강력분(분량 외)을 뿌린다.

8. 굽기

190도로 예열한 오븐에서 14분 동안 굽는다.

5-1
5-2
5-3
5-4
5-5

MOUN
TAIN
BREAD

〚 식빵 〛

아침식사로 제격인 식빵은 순수한 재료의 맛을 즐길 수 있다.
단호박이나 고구마 등을 쪄서 반죽에 섞어도 맛있다.

MOUNTAIN BREAD

〚 식빵 〛

――――――――――――――――――| 재료〈한 덩어리 분량〉 |――――――――――――――――――

강력분 ―――― 300g   첨채당 ―――――― 10g   효모 ―――――――― 24g
소금 ―――――― 5g   물 ――――――――― 150g

――――――――――――――――――| 만드는 법 |――――――――――――――――――

1. 반죽
큰 볼에 강력분을 담고 작은 볼에는 나머지 재료를 넣은 다음 주걱으로 골고루 젓는다. 큰 볼에 작은 볼의 재료를 넣고 가볍게 섞는다. 재료가 어느 정도 섞이고 나면 손으로 눌러 반죽한다. 반죽이 한 덩어리로 뭉쳐지면 작업대 위에 올린 다음 3~5분 동안 위아래로 늘여 반죽하기를 하고 다시 3~5분 동안 좌우로 굴려가며 V자로 반죽하기를 한다.

2. 1차 발효
반죽을 둥글게 뭉쳐 볼에 담고, 랩을 씌워 반죽이 2배 크기로 부풀 때까지 발효시킨다. 상온에서 발효시킬 때는 여름철 6시간, 겨울철 12시간이 적당하다. 발효기를 사용할 경우에는 2시간 정도를 기준으로 삼는다.

3. 분할
반죽을 볼에서 꺼내 2등분한 다음 각각 둥글게 뭉치고, 반죽의 가장자리를 가운데로 모아 봉한다.

4. 벤치타임
반죽의 이음매가 바닥에 오게 해서 반죽을 베이킹 매트 위에 올린 다음 반죽에 분무기로 물을 뿌린다. 베이킹 매트를 덮어 15분 동안 둔다.

5. 성형(사진)
반죽을 다시 둥글게 뭉치고, 오븐 시트를 식빵 틀(20.5cm×9.5cm×높이 9.5cm)의 크기에 맞춰 잘라 틀에 깐다. 반죽의 이음매가 바닥에 오게 해서 해서 반죽 두 덩어리를 틀 안에 나란히 넣는다.

6. 2차 발효
오븐 팬에 틀을 올리고, 반죽이 틀의 높이에서 1~2cm 못 미치게 부풀도록 발효시킨다. 상온에서 발효시킬 때는 여름철 90분~2시간, 겨울철 2~3시간이 적당하다. 발효기를 사용할 경우에는 90분 정도를 기준으로 삼는다.

7. 마무리
차 거름망을 이용해 반죽 표면에 강력분(분량 외)을 뿌린다.

8. 굽기
190도로 예열한 오븐에서 30분 동안 굽는다.

5-1

5-2

TABLE ROLL

〖 테이블 롤 〗

버터 롤과 모양이 조금 다른 테이블 롤.
등나무 바구니나 접시에 담아 식탁에 놓으면 한결 세련된 분위기를 연출할 수 있다.

TABLE ROLL

【 테이블 롤 】

---| 재료〈8개 분량〉 |---

강력분	250g	첨채당	10g	효모	24g
전립분	50g	카놀라유	15g	두유	적당량
소금	4g	물	140g		

---| 만드는 법 |---

1. 반죽
큰 볼에 강력분과 전립분을 담고 작은 볼에 소금, 첨채당, 카놀라유, 물, 효모를 넣은 다음 주걱으로 골고루 젓는다. 큰 볼에 작은 볼의 재료를 넣고 가볍게 섞는다. 재료가 어느 정도 섞이고 나면 손으로 눌러 반죽한다. 반죽이 한 덩어리로 뭉쳐지면 작업대 위에 올린 다음 3~5분 동안 위아래로 늘여 반죽하기를 하고 다시 3~5분 동안 좌우로 굴려가며 V자로 반죽하기를 한다.

2. 1차 발효
반죽을 둥글게 뭉쳐 볼에 담고, 랩을 씌워 반죽이 2배 크기로 부풀 때까지 발효시킨다. 상온에서 발효시킬 때는 여름철 6시간, 겨울철 12시간이 적당하다. 발효기를 사용할 경우에는 2시간 정도를 기준으로 삼는다.

3. 분할
반죽을 볼에서 꺼내 8등분한 다음 각각 둥글게 뭉치고, 반죽의 가장자리를 가운데로 모아 봉한다.

4. 벤치타임
반죽의 이음매가 바닥에 오게 해서 반죽을 베이킹 매트 위에 올린 다음 반죽에 분무기로 물을 뿌린다. 베이킹 매트를 덮어 15분 동안 둔다.

5. 성형(사진)
반죽의 이음매가 위로 오게 한 다음, 밀대로 밀어 15cm 길이의 물방울 모양을 만들고, 바깥쪽에서 몸 쪽으로 둘둘 만다.

6. 2차 발효
오븐 팬에 오븐 시트를 깔고, 이음매가 바닥에 오게 해서 반죽을 늘어놓는다. 반죽이 약 1.5배 크기로 부풀 때까지 발효시킨다. 상온에서 발효시킬 때는 여름철 30분~1시간, 겨울철 1~2시간이 적당하다. 발효기를 사용할 경우에는 30분 정도를 기준으로 삼는다.

7. 마무리
조리용 붓으로 반죽 표면에 두유를 바른다.

8. 굽기
200도로 예열한 오븐에서 13분 동안 굽는다.

BAGEL

〖 베이글 〗

기름을 사용하지 않아 몸에 좋은 베이글.
반으로 갈라 그 사이에 각종 재료를 넣어 샌드위치로 먹으면 맛있다.

BAGEL

〖 베이글 〗

재료〈6개 분량〉

| 강력분 | 300g | 첨채당 | 15g | 효모 | 24g |
| 소금 | 4g | 물 | 150g | | |

만드는 법

1. 반죽

큰 볼에 강력분을 담고 작은 볼에 나머지 재료를 넣은 다음 주걱으로 골고루 젓는다. 큰 볼에 작은 볼의 재료를 넣고 가볍게 섞는다. 재료가 어느 정도 섞이고 나면 손으로 눌러 반죽한다. 반죽이 한 덩어리로 뭉쳐지면 작업대 위에 올린 다음 3~5분 동안 위아래로 늘여 반죽하기를 하고 다시 3~5분 동안 좌우로 굴려가며 V자로 반죽하기를 한다.

2. 1차 발효

반죽을 둥글게 뭉쳐 볼에 담고, 랩을 씌워 반죽이 2배 크기로 부풀 때까지 발효시킨다. 상온에서 발효시킬 때는 여름철 6시간, 겨울철 12시간이 적당하다. 발효기를 사용할 경우에는 2시간 정도를 기준으로 삼는다.

3. 분할

반죽을 볼에서 꺼내 6등분한 다음 각각 둥글게 뭉치고, 반죽의 가장자리를 가운데로 모아 봉한다.

4. 벤치타임

반죽의 이음매가 바닥에 오게 해서 반죽을 베이킹 매트 위에 올린 다음 반죽에 분무기로 물을 뿌린다. 베이킹 매트를 덮어 15분 동안 둔다.

5. 성형(사진)

반죽의 이음매가 위로 오게 한 다음, 밀대로 밀어 가로 10cm×세로 15cm의 타원형을 만든다. 반죽을 옆으로 돌려 가로로 길게 놓고, 바깥쪽에서 몸 쪽으로 둘둘 만다. 끝부분은 손으로 꾹꾹 눌러 봉한다. 반죽을 가운데에서 양끝 방향으로 길게 늘여 20cm 길이의 둥근 막대 모양을 만든다. 한쪽 끝을 손끝으로 눌러 평평하게 만든 다음 둥근 도넛 형태로 말아 다른 한쪽 끝을 감싸 잘 잇는다.

6. 2차 발효

오븐 팬에 오븐 시트를 깔고, 이음매가 바닥에 오게 해서 반죽을 늘어놓는다. 반죽이 약 1.5배 크기로 부풀 때까지 발효시킨다. 상온에서 발효시킬 때는 여름철 30분~1시간, 겨울철 1~2시간이 적당하다. 발효기를 사용할 경우에는 30분 정도를 기준으로 삼는다.

7. 마무리(사진)

냄비에 물을 담아 불에 올린 다음 펄펄 끓지 않을 정도로 물을 데운다. 첨채당 2Ts을 넣어 잘 섞고 반죽을 넣어 양면을 각각 20초 동안 삶는다.

8. 굽기

오븐 팬에 오븐 시트를 깔고 반죽을 올린 다음 200도로 예열한 오븐에서 15분 동안 굽는다.

5-1
5-5
5-2
5-6
5-3
7
5-4

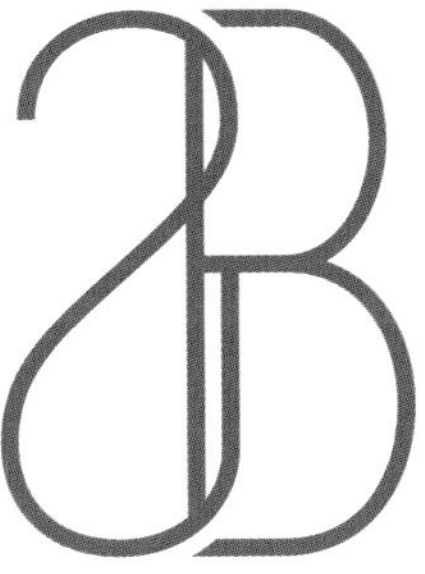

STYLISH BREAD

〖 스타일리시한 빵 〗

화려한 모양과 이름이 있는 고급스러운 빵들.
소중한 사람에게 선물하기에 안성맞춤이다.

Ⅱ

RUSTI QUE

〖 루스티크 〗

소박하다는 뜻의 루스티크.
겉은 바삭하고 속은 쫀득한 식감을 즐길 수 있다.

RUSTIQUE

〚 루스티크 〛

---| 재료〈4개 분량〉 |---

강력분 ──────── 200g   소금 ──────── 4g   효모 ──────── 24g
프랑스빵용 준강력분 ─ 100g   물 ──────── 190g

---| 만드는 법 |---

1. **반죽**
큰 볼에 강력분과 프랑스빵용 준강력분을 담고 작은 볼에는 나머지 재료를 넣은 다음 주걱으로 골고루 젓는다. 큰 볼에 작은 볼의 재료를 넣고 가볍게 섞는다. 재료가 어느 정도 섞이고 나면 손으로 눌러 반죽한다. 반죽이 한 덩어리로 뭉쳐지면 작업대 위에 올린 다음 가볍게 섞는 정도로 반죽한다.

2. **1차 발효**
반죽을 둥글게 뭉쳐 볼에 담고, 랩을 씌워 반죽이 2배 크기로 부풀 때까지 발효시킨다. 상온에서 발효시킬 때는 여름철 6시간, 겨울철 12시간이 적당하다. 발효기를 사용할 경우에는 2시간 정도를 기준으로 삼는다.

3. **분할**
반죽을 볼에서 꺼내 한 덩어리로 둥글게 뭉친 다음 반죽의 가장자리를 가운데로 모아 봉한다.

4. **벤치타임**
반죽의 이음매가 바닥에 오게 해서 반죽을 베이킹 매트 위에 올린 다음 반죽에 분무기로 물을 뿌린다. 베이킹 매트를 덮어 15분 동안 둔다.

5. **성형**(사진)
반죽의 이음매가 바닥에 오게 한 다음, 밀대로 밀어 가로 20cm×세로 15cm 크기의 직사각형을 만든다. 반죽을 스크레이퍼로 4등분한다.

6. **2차 발효**
오븐 팬에 오븐 시트를 깔고 반죽을 늘어놓은 후 반죽이 약 1.5배 크기로 부풀 때까지 발효시킨다. 상온에서 발효시킬 때는 여름철 30분~1시간, 겨울철 1~2시간이 적당하다. 발효기를 사용할 경우에는 30분 정도를 기준으로 삼는다.

7. **마무리**
차 거름망을 이용해 반죽 표면에 강력분(분량 외)을 뿌리고, 쿠페 나이프로 칼집을 비스듬하게 넣는다.

8. **굽기**
200도로 예열한 오븐에서 15분 동안 굽는다.

RYE CRES CENT

〖 호밀 크루아상 〗

호밀을 넣어 만든 초승달 모양의 빵이다.

상현달, 하현달, 보름달 등 다양한 모양으로 만들어봐도 재미있을 것이다.

RYE CRESCENT

〖 호밀 크루아상 〗

---| 재료〈4개 분량〉 |---

강력분	200g	첨채당	20g	레이즌	40g
호밀가루	100g	물	145g	해바라기 씨	10g
소금	5g	효모	24g		

---| 만드는 법 |---

1. **반죽** 큰 볼에 강력분과 호밀가루를 담고 작은 볼에는 소금, 첨채당, 물, 효모를 넣은 다음 주걱으로 골고루 젓는다. 큰 볼에 작은 볼의 재료를 넣고 가볍게 섞는다. 재료가 어느 정도 섞이고 나면 손으로 눌러 반죽한다. 반죽이 한 덩어리로 뭉쳐지면 작업대 위에 올린 다음 3~5분 동안 위아래로 늘여 반죽하기를 하고 다시 3~5분 동안 좌우로 굴려가며 V자로 반죽하기를 한다. 반죽이 완성되면 레이즌과 해바라기 씨를 두 번에 걸쳐 섞는다. 반죽을 늘이고 그 위에 레이즌과 해바라기 씨를 뿌려 다시 뭉치는 작업을 반복한다.

2. **1차 발효** 반죽을 둥글게 뭉쳐 볼에 담고, 랩을 씌워 반죽이 2배 크기로 부풀 때까지 발효시킨다. 상온에서 발효시킬 때는 여름철 6시간, 겨울철 12시간이 적당하다. 발효기를 사용할 경우에는 2시간 정도를 기준으로 삼는다.

3. **분할** 반죽을 볼에서 꺼내 4등분한 다음 각각 둥글게 뭉치고, 반죽의 가장자리를 가운데로 모아 봉한다.

4. **벤치타임** 반죽의 이음매가 바닥에 오게 해서 반죽을 베이킹 매트 위에 올린 다음 반죽에 분무기로 물을 뿌린다. 베이킹 매트를 덮어 15분 동안 둔다.

5. **성형(사진)** 반죽의 이음매가 위로 오게 한 다음, 밀대로 밀어 가로 8cm×세로 15cm 크기의 타원형을 만든다. 반죽을 옆으로 돌려 가로로 길게 놓고, 바깥쪽에서 몸 쪽으로 둘둘 만다. 끝부분은 손으로 꾹꾹 눌러 봉한다. 반죽을 가운데에서 양끝 방향으로 길게 늘여 20cm 길이의 둥근 막대 모양을 만든 후 구부려 초승달 모양을 만든다.

6. **2차 발효** 오븐 팬에 오븐 시트를 깔고, 이음매가 바닥에 오게 해서 반죽을 늘어놓는다. 반죽이 약 1.5배 크기로 부풀 때까지 발효시킨다. 상온에서 발효시킬 때는 여름철 30분~1시간, 겨울철 1~2시간이 적당하다. 발효기를 사용할 경우에는 30분 정도를 기준으로 삼는다.

7. **마무리** 반죽 가운데 부분에 쿠페 나이프로 칼집을 넣는다.

8. **굽기** 200도로 예열한 오븐에서 20분 동안 굽는다.

5-1

5-3

5-2

5-4

MELA
NGE

〖 멜랑제 〗

프랑스어로 혼합을 뜻하는 멜랑제. 이번에 소개하는 레시피에는 건과일이 들어간다.
살짝 구워 먹으면 향긋한 냄새를 즐길 수 있고, 얇게 썰어 먹으면 와인과도 잘 어울린다.

MELANGE

〚 멜랑제 〛

────────────┤ 재료〈3개 분량〉├────────────

강력분	240g	소금	5g	커런트	100g
호밀가루	80g	물	190g	레이즌	50g
전립분	80g	효모	32g	호두(잘게 부순 것)	40g

────────────┤ 만드는 법 ├────────────

1. 반죽
큰 볼에 강력분과 호밀가루, 전립분을 담고 작은 볼에는 소금, 물, 효모를 넣은 다음 주걱으로 골고루 젓는다. 큰 볼에 작은 볼의 재료를 넣고 가볍게 섞는다. 재료가 어느 정도 섞이고 나면 손으로 눌러 반죽한다. 반죽이 한 덩어리로 뭉쳐지면 작업대 위에 올린 다음 3~5분 동안 위아래로 늘여 반죽하기를 하고 다시 3~5분 동안 좌우로 굴려가며 V자로 반죽하기를 한다. 반죽이 완성되면 커런트, 레이즌, 호두를 두 번에 걸쳐 섞는다. 반죽을 늘이고 그 위에 커런트, 레이즌, 호두를 뿌린 다음 다시 뭉치는 작업을 반복한다.

2. 1차 발효
반죽을 둥글게 뭉쳐 볼에 담고, 랩을 씌워 반죽이 2배 크기로 부풀 때까지 발효시킨다. 상온에서 발효시킬 때는 여름철 6시간, 겨울철 12시간이 적당하다. 발효기를 사용할 경우에는 2시간 정도를 기준으로 삼는다.

3. 분할
반죽을 볼에서 꺼내 3등분한 다음 각각 둥글게 뭉치고, 반죽의 가장자리를 가운데로 모아 봉한다.

4. 벤치타임
반죽의 이음매가 바닥에 오게 해서 반죽을 베이킹 매트 위에 올린 다음 반죽에 분무기로 물을 뿌린다. 베이킹 매트를 덮어 15분 동안 둔다.

5. 성형(사진)
반죽의 이음매가 위로 오게 한 다음, 밀대로 밀어 가로 15cm×세로 20cm 크기로 만든다. 반죽을 옆으로 돌려 가로로 길게 놓고, 바깥쪽에서 몸 쪽으로 둘둘 만다. 끝부분은 손으로 꾹꾹 눌러 봉한다.

6. 2차 발효
오븐 팬에 오븐 시트를 깔고, 이음매가 바닥에 오게 해서 반죽을 늘어놓는다. 반죽이 약 1.5배 크기로 부풀 때까지 발효시킨다. 상온에서 발효시킬 때는 여름철 30분~1시간, 겨울철 1~2시간이 적당하다. 발효기를 사용할 경우에는 30분 정도를 기준으로 삼는다.

7. 마무리
차 거름망을 이용해 반죽 표면에 강력분(분량 외)을 뿌린다. 쿠페 나이프로 가운데에 한 군데, 양 끝에 세 군데의 칼집을 넣는다.

8. 굽기
210도로 예열한 오븐에서 20분 동안 굽는다.

5-1

5-2

5-3

CIABA
TTA

〚 치아바타 〛

이탈리아어로 슬리퍼를 뜻하는 치아바타.
슬리퍼처럼 생긴 모양과 올리브 오일의 풍미를 즐겨보자.

CIABATTA

〚 치아바타 〛

재료 〈3개 분량〉

강력분	300g	올리브 오일	15g	효모	24g
소금	4g	물	210g		

만드는 법

1. **반죽**
큰 볼에 강력분을 담고 작은 볼에는 나머지 재료를 넣은 다음 주걱으로 골고루 젓는다. 큰 볼에 작은 볼의 재료를 넣고 가볍게 섞는다. 재료가 어느 정도 섞이고 나면 손으로 눌러 반죽한다. 반죽이 한 덩어리로 뭉쳐지면 작업대 위에 올린 다음 3~5분 동안 위아래로 늘여 반죽하기를 하고 다시 3~5분 동안 좌우로 굴려가며 V자로 반죽하기를 한다.

2. **1차 발효**
반죽을 둥글게 뭉쳐 볼에 담고, 랩을 씌워 반죽이 2배 크기로 부풀 때까지 발효시킨다. 상온에서 발효시킬 때는 여름철 6시간, 겨울철 12시간이 적당하다. 발효기를 사용할 경우에는 2시간 정도를 기준으로 삼는다.

3. **분할**
반죽을 볼에서 꺼내 한 덩어리로 둥글게 뭉치고, 반죽의 가장자리를 가운데로 모아 봉한다.

4. **벤치타임**
반죽의 이음매가 바닥에 오게 해서 반죽을 베이킹 매트 위에 올린 다음 반죽에 분무기로 물을 뿌린다. 베이킹 매트를 덮어 15분 동안 둔다.

5. **성형**(사진)
반죽의 이음매가 아래로 오게 한 다음, 밀대로 밀어 가로 25cm×세로 20cm 크기로 만든다. 반죽을 3등분한 다음 슬리퍼를 떠올리며 형태를 잡는다.

6. **2차 발효**
오븐 팬에 오븐 시트를 깔고, 반죽을 늘어놓은 후 반죽이 약 1.5배 크기로 부풀 때까지 발효시킨다. 상온에서 발효시킬 때는 여름철 30분~1시간, 겨울철 1~2시간이 적당하다. 발효기를 사용할 경우에는 30분 정도를 기준으로 삼는다.

7. **마무리**
차 거름망을 이용해 반죽 표면에 강력분(분량 외)을 뿌린다.

8. **굽기**
230도로 예열한 오븐에서 12분 동안 굽는다.

5-1

5-2

BATARD

〚 바타르 〛

가정에서 만들 수 있는 프랑스빵이다.

바게트보다 크기는 조금 작은 편이지만, 프랑스빵의 정수를 충분히 즐길 수 있다.

BATARD

〖 바타르 〗

재료〈2개 분량〉

강력분	450g	첨채당	18g	효모	36g
소금	6g	물	220g	몰트	5g

만드는 법

1. **반죽**
큰 볼에 강력분을 담고 작은 볼에는 나머지 재료를 넣은 다음 주걱으로 골고루 젓는다. 큰 볼에 작은 볼의 재료를 넣고 가볍게 섞는다. 재료가 어느 정도 섞이고 나면 손으로 눌러 반죽한다. 반죽이 한 덩어리로 뭉쳐지면 작업대 위에 올린 다음 3~5분 동안 위아래로 늘여 반죽하기를 하고 다시 3~5분 동안 좌우로 굴려가며 V자로 반죽하기를 한다.

2. **1차 발효**
반죽을 둥글게 뭉쳐 볼에 담고, 랩을 씌워 반죽이 2배 크기로 부풀 때까지 발효시킨다. 상온에서 발효시킬 때는 여름철 6시간, 겨울철 12시간이 적당하다. 발효기를 사용할 경우에는 2시간 정도를 기준으로 삼는다.

3. **분할**
반죽을 볼에서 꺼내 2등분한 다음 각각 둥글게 뭉치고, 반죽의 가장자리를 가운데로 모아 봉한다.

4. **벤치타임**
반죽의 이음매가 바닥에 오게 해서 반죽을 베이킹 매트 위에 올린 다음 반죽에 분무기로 물을 뿌린다. 베이킹 매트를 덮어 15분 동안 둔다.

5. **성형(사진)**
반죽의 이음매가 위로 오도록 한 다음, 밀대로 밀어 가로 10cm×세로 25cm 크기로 만든다. 반죽을 옆으로 돌려 가로로 길게 놓고, 바깥쪽에서 몸 쪽으로 둘둘 만다. 끝부분은 손으로 꾹꾹 눌러 봉한다. 반죽을 가운데에서 양끝 방향으로 길게 늘여 30cm 길이로 만든다.

6. **2차 발효(사진)**
오븐 팬에 베이킹 매트를 깔고, 반죽 양옆에 주름을 잡아 칸막이를 만든다. 반죽의 이음매가 바닥에 오게 해서 반죽을 늘어놓고, 반죽이 약 1.5배 크기로 부풀 때까지 발효시킨다. 상온에서 발효시킬 때는 여름철 30분~1시간, 겨울철 1~2시간이 적당하다. 발효기를 사용할 경우에는 30분 정도를 기준으로 삼는다.

7. **마무리**
오븐 팬에 오븐 시트를 깔고 반죽을 올린 다음 차 거름망을 이용해 반죽 표면에 강력분(분량 외)을 뿌린다. 쿠페 나이프로 세 군데에 칼집을 비스듬하게 넣는다.

8. **굽기**
230도로 예열한 오븐에서 16분 동안 굽는다.

5-1
5-3
5-2
6

CAMPA GNE

〖 캉파뉴 〗

큼직한 크기를 자랑하는 프랑스의 시골 빵 캉파뉴는 얇게 썰어 샐러드에 곁들이거나
샌드위치, 타르틴*을 만들어 먹어도 맛있다.

*tartine, 얇게 썬 빵 위에 각종 토핑을 얹어 먹는 오픈 샌드위치의 일종

CAMPAGNE

[[캉파뉴]]

---| 재료 〈1개 분량〉 |---

강력분 ·········· 250g   소금 ·········· 5g   효모 ·········· 24g
전립분 ·········· 50g   물 ·········· 160g

---| 만드는 법 |---

1. 반죽
큰 볼에 강력분과 전립분을 담고 작은 볼에는 나머지 재료를 넣은 다음 주걱으로 골고루 젓는다. 큰 볼에 작은 볼의 재료를 넣고 가볍게 섞는다. 재료가 어느 정도 섞이고 나면 손으로 눌러 반죽한다. 반죽이 한 덩어리로 뭉쳐지면 작업대 위에 올린 다음 3~5분 동안 위아래로 늘여 반죽하기를 하고 다시 3~5분 동안 좌우로 굴려가며 V자로 반죽하기를 한다.

2. 1차 발효
반죽을 둥글게 뭉쳐 볼에 담고, 랩을 씌워 반죽이 2배 크기로 부풀 때까지 발효시킨다. 상온에서 발효시킬 때는 여름철 6시간, 겨울철 12시간이 적당하다. 발효기를 사용할 경우에는 2시간 정도를 기준으로 삼는다.

3. 분할
반죽을 볼에서 꺼내 한 덩어리로 둥글게 뭉친 다음, 반죽의 가장자리를 가운데로 모아 봉한다.

4. 벤치타임
반죽의 이음매가 바닥에 오게 해서 반죽을 베이킹 매트 위에 올린 다음 반죽에 분무기로 물을 뿌린다. 베이킹 매트를 덮어 15분 동안 둔다.

5. 성형
다시 둥글게 뭉친다.

6. 2차 발효(사진)
지름 18cm의 박코르프*에 차 거름망을 이용해 강력분(분량 외)을 뿌린 다음, 반죽을 이음매가 위로 오게 해서 넣는다. 반죽이 약 1.5배 크기로 부풀 때까지 발효시킨다. 상온에서 발효시킬 때는 여름철 30분~1시간, 겨울철 1~2시간이 적당하다. 발효기를 사용할 경우에는 30분 정도를 기준으로 삼는다.

7. 마무리(사진)
오븐 팬에 오븐 시트를 깔고, 박코르프에 담겨 있던 반죽을 꺼내어 이음매가 바닥에 오게 해서 놓는다. 쿠페 나이프로 십자 모양 칼집을 넣는다.

8. 굽기
230도로 예열한 오븐에서 15분 동안 구운 뒤 210도로 낮추어 다시 10분 동안 굽는다.

*backkorb, 등나무로 만든 발효 틀이다. 여기에 천을 덧댄 것을 반통(banneton)이라고 하는데, 한국에서는 두 가지 모두 반통 혹은 반느통으로 불린다.

6-1
7-1
6-2
7-2

EPI

[에피]

프랑스어로 밀의 이삭을 뜻하는 에피. 보통 베이컨을 넣어 굽지만,
여기서는 독특하게 올리브를 넣어보았다.

EPI

〚 에피 〛

재료 〈3개 분량〉

프랑스빵용 준강력분 ─ 300g　물 ─────── 150g　그린 올리브 ──── 적당량

소금 ───────── 4g　효모 ──────── 24g

만드는 법

1. 반죽　큰 볼에 프랑스빵용 준강력분을 담고 작은 볼에 소금, 물, 효모를 넣은 다음 주걱으로 골고루 젓는다. 큰 볼에 작은 볼의 재료를 넣고 가볍게 섞는다. 재료가 어느 정도 섞이고 나면 손으로 눌러 반죽한다. 반죽이 한 덩어리로 뭉쳐지면 작업대 위에 올린 다음 3~5분 동안 위아래로 늘여 반죽하기를 하고 다시 3~5분 동안 좌우로 굴려가며 V자로 반죽하기를 한다.

2. 1차 발효　반죽을 둥글게 뭉쳐 볼에 담고, 랩을 씌워 반죽이 2배 크기로 부풀 때까지 발효시킨다. 상온에서 발효시킬 때는 여름철 6시간, 겨울철 12시간이 적당하다. 발효기를 사용할 경우에는 2시간 정도를 기준으로 삼는다.

3. 분할　반죽을 볼에서 꺼내 3등분한 다음 각각 둥글게 뭉치고, 반죽의 가장자리를 가운데로 모아 봉한다.

4. 벤치타임　반죽의 이음매가 바닥에 오게 해서 반죽을 베이킹 매트 위에 올린 다음 반죽에 분무기로 물을 뿌린다. 베이킹 매트를 덮어 15분 동안 둔다.

5. 성형(사진)　반죽의 이음매가 위로 오게 한 다음, 밀대로 밀어 가로 20cm×세로 25cm 크기로 만든다. 반죽의 정중앙에 반으로 자른 그린 올리브를 적당히 올리고, 반죽을 옆으로 돌려 가로로 길게 놓은 다음 바깥쪽에서 몸 쪽으로 둘둘 만다. 끝부분은 손으로 꾹꾹 눌러 봉한다.

6. 2차 발효　오븐 팬에 오븐 시트를 깔고, 이음매가 바닥에 오게 해서 반죽을 늘어놓는다. 반죽이 약 1.5배 크기로 부풀 때까지 발효시킨다. 상온에서 발효시킬 때는 여름철 30분~1시간, 겨울철 1~2시간이 적당하다. 발효기를 사용할 경우에는 30분 정도를 기준으로 삼는다.

7. 마무리(사진)　가위로 반죽에 비스듬하게 칼집을 넣은 다음 좌우로 엇갈리게 형태를 잡는다.

8. 굽기　210도로 예열한 오븐에서 16분 동안 굽는다.

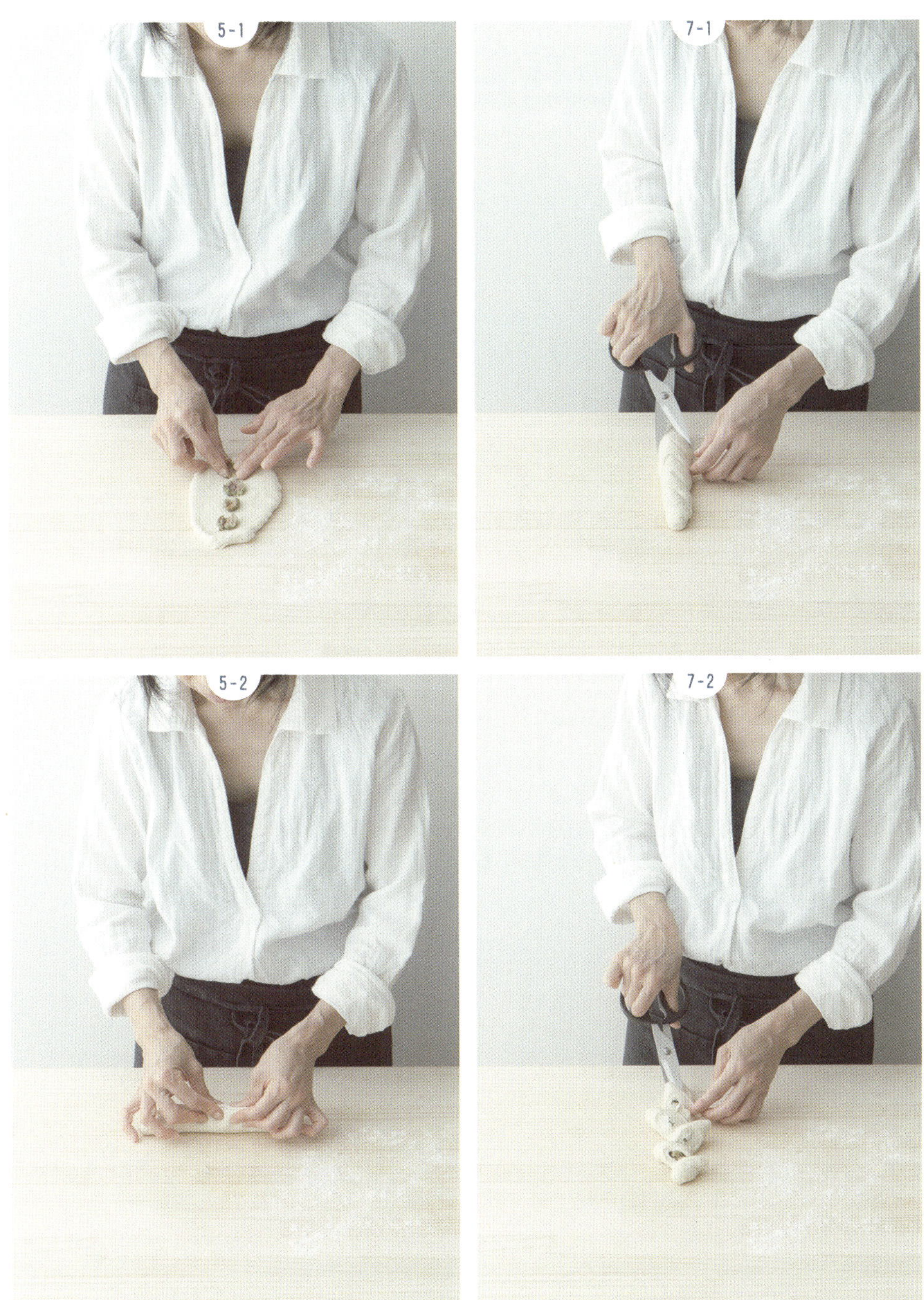
5-1
7-1
5-2
7-2

WREATH BREAD

〚 리스 빵 〛

크리스마스 시즌에 가장 잘 어울리는 리스 빵.
딱딱하게 구워서 리본으로 장식하면 그대로 문에 걸어둘 수도 있다.

WREATH BREAD

〖 리스 빵 〗

재료 〈3개 분량〉

강력분	450g	첨채당	45g	아니스(anise) 또는 팔각	
쑥가루	7.5g	물	240g		적당량
소금	6g	효모	36g	피칸	적당량

만드는 법

1. **반죽**
   큰 볼에 강력분과 쑥가루를 담고 작은 볼에 소금, 첨채당, 물, 효모를 넣은 다음 주거으로 골고루 젓는다. 큰 볼에 작은 볼의 재료를 넣고 가볍게 섞는다. 재료가 어느 정도 섞이고 나면 손으로 눌러 반죽한다. 반죽이 한 덩어리로 뭉쳐지면 작업대 위에 올린 다음 3~5분 동안 위아래로 늘여 반죽하기를 하고 다시 3~5분 동안 좌우로 굴려가며 V자로 반죽하기를 한다.

2. **1차 발효**
   반죽을 둥글게 뭉쳐 볼에 담고, 랩을 씌워 반죽이 2배 크기로 부풀 때까지 발효시킨다. 상온에서 발효시킬 때는 여름철 6시간, 겨울철 12시간이 적당하다. 발효기를 사용할 경우에는 2시간 정도를 기준으로 삼는다.

3. **분할**
   반죽을 볼에서 꺼내 6등분한 다음 각각 둥글게 뭉치고, 반죽의 가장자리를 가운데로 모아 봉한다.

4. **벤치타임**
   반죽의 이음매가 바닥에 오게 해서 반죽을 베이킹 매트 위에 올린 다음 반죽에 분무기로 물을 뿌린다. 베이킹 매트를 덮어 15분 동안 둔다.

5. **성형**(사진)
   반죽의 이음매가 위로 오게 한 다음, 밀대로 밀어 가로 5cm×세로 20cm 크기를 만든다. 반죽을 옆으로 돌려 가로로 길게 놓고, 바깥쪽에서 몸 쪽으로 둘둘 만다. 끝부분은 손으로 꾹꾹 눌러 봉한다. 반죽을 가운데에서 양끝 방향으로 길게 늘여 25cm 길이로 만든다. 같은 방법으로 똑같은 모양의 반죽을 한 개 더 만든다. 길게 늘인 두 개의 반죽을 번갈아 엮은 다음 둥근 원 모양을 만든다. 풀어지지 않도록 양끝을 잘 잇는다.

6. **2차 발효**
   오븐 팬에 오븐 시트를 깔고, 이음매가 바닥에 오게 해서 반죽을 늘어놓는다. 반죽이 약 1.5배 크기로 부풀 때까지 발효시킨다. 상온에서 발효시킬 때는 여름철 30분~1시간, 겨울철 1~2시간이 적당하다. 발효기를 사용할 경우에는 30분 정도를 기준으로 삼는다.

7. **마무리**
   반죽 표면에 피칸과 아니스를 박아 넣는다.

8. **굽기**
   200도로 예열한 오븐에서 16분 동안 굽는다.

5-1
5-2
5-3
5-4

KOUG LOF

〚 쿠글로프 〛

쿠글로프는 프랑스 알자스 지방의 전통 발효 과자다.
두유를 넣어 좀 더 진한 맛을 느낄 수 있게 했다.

KOUGLOF

〖 쿠글로프 〗

재료〈한 덩어리 분량〉

강력분	190g	카놀라유	30g	럼주(럼주에 레이즌을 재워둔다)	
소금	2g	효모	15g		1/2ts
첨채당	25g	레이즌	25g	구운 아몬드	6알
두유	100g				

만드는 법

1. **반죽**　큰 볼에 강력분을 담고 작은 볼에 소금, 첨채당, 두유, 카놀라유, 효모를 넣은 다음 주걱으로 골고루 젓는다. 큰 볼에 작은 볼의 재료를 넣고 가볍게 섞는다. 재료가 어느 정도 섞이고 나면 손으로 눌러 반죽한다. 반죽이 한 덩어리로 뭉쳐지면 작업대 위에 올린 다음 3~5분 동안 위아래로 늘여 반죽하기를 하고 다시 3~5분 동안 좌우로 굴려가며 V자로 반죽하기를 한다. 반죽이 완성되면 럼 레이즌을 두 번에 걸쳐 섞는다. 반죽을 늘이고 그 위에 럼 레이즌을 얹은 다음 다시 뭉치는 작업을 반복한다.

2. **1차 발효**　반죽을 둥글게 뭉쳐 볼에 담고, 랩을 씌워 반죽이 2배 크기로 부풀 때까지 발효시킨다. 상온에서 발효시킬 때는 여름철 6시간, 겨울철 12시간이 적당하다. 발효기를 사용할 경우에는 2시간 정도를 기준으로 삼는다.

3. **분할**　반죽을 볼에서 꺼내 한 덩어리로 둥글게 뭉치고, 반죽의 가장자리를 가운데로 모아 봉한다.

4. **벤치타임**　반죽의 이음매가 바닥에 오게 해서 반죽을 베이킹 매트 위에 올린 다음 반죽에 분무기로 물을 뿌린다. 베이킹 매트를 덮어 15분 동안 둔다.

5. **성형(사진)**　반죽의 이음매가 위로 오게 한 다음, 밀대로 밀어 가로 10cm×세로 20cm 크기의 타원형을 만든다. 반죽을 옆으로 돌려 가로로 길게 놓고, 바깥쪽에서 몸 쪽으로 둘둘 만다. 끝부분은 손으로 꾹꾹 눌러 봉한다. 반죽을 가운데에서 양끝 방향으로 길게 늘여 25cm 길이로 만든다.

6. **2차 발효(사진)**　쿠글로프 틀(지름 15cm×높이 8.5cm)에 카놀라유(분량 외)를 바르고, 아몬드를 바닥에 깐다. 반죽을 이음매가 바닥에 오도록 틀에 넣고 약 1.5배 크기로 부풀 때까지 발효시킨다. 상온에서 발효시킬 때는 여름철 30분~1시간, 겨울철 1~2시간이 적당하다. 발효기를 사용할 경우에는 30분 정도를 기준으로 삼는다.

7. **마무리**　조리용 붓으로 반죽 표면에 두유(분량 외)를 바른다.

8. **굽기**　180도로 예열한 오븐에서 30분 동안 굽는다.

5-1
5-2
5-3
5-4
6-1
6-2

FOUGA SSE

〚 푸가스 〛

나뭇잎 모양의 프랑스빵, 푸가스.
깜찍한 모양의 빵을 조금씩 뜯어 먹는 재미를 느껴보자.

FOUGASSE

〖 푸가스 〗

재료 〈3개 분량〉

강력분	200g	올리브 오일	10g	말린 토마토(물에 불린 후 물기를
전립분	100g	물	145g	닦아내어 잘게 썬다) …… 3〜4개
소금	4g	효모	24g	
첨채당	10g	식용 암염	적당량	

만드는 법

1. **반죽**
큰 볼에 강력분과 전립분을 담고 작은 볼에 소금, 첨채당, 올리브 오일, 물, 효모를 넣은 다음 주걱으로 골고루 젓는다. 큰 볼에 작은 볼의 재료를 넣고 가볍게 섞는다. 재료가 어느 정도 섞이고 나면 손으로 눌러 반죽한다. 반죽이 한 덩어리로 뭉쳐지면 작업대 위에 올린 다음 3~5분 동안 위아래로 늘여 반죽하기를 하고 다시 3~5분 동안 좌우로 굴려가며 V자로 반죽하기를 한다. 반죽이 완성되면 말린 토마토를 두 차례에 걸쳐 섞는다. 반죽을 늘이고 그 위에 말린 토마토를 얹은 다음 다시 뭉치는 작업을 반복한다.

2. **1차 발효**
반죽을 둥글게 뭉쳐 볼에 담고, 랩을 씌워 반죽이 2배 크기로 부풀 때까지 발효시킨다. 상온에서 발효시킬 때는 여름철 6시간, 겨울철 12시간이 적당하다. 발효기를 사용할 경우에는 2시간 정도를 기준으로 삼는다.

3. **분할**
반죽을 볼에서 꺼내 3등분한 다음 각각 둥글게 뭉치고, 반죽의 가장자리를 가운데로 모아 봉한다.

4. **벤치타임**
반죽의 이음매가 바닥에 오게 해서 반죽을 베이킹 매트 위에 올린 다음 반죽에 분무기로 물을 뿌린다. 베이킹 매트를 덮어 15분 동안 둔다.

5. **성형(사진)**
반죽의 이음매가 아래로 오도록 한 다음, 밀대로 밀어 세로 20cm 크기의 물방울 모양을 만든다. 스크레이퍼 등을 이용해 잎맥처럼 중앙에 한 줄, 양쪽에 세 줄씩 칼집을 넣는다.

6. **2차 발효**
오븐 팬에 오븐 시트를 깐다. 반죽에 넣은 칼집을 살짝 벌린 다음 시트 위에 올린다. 반죽이 약 1.5배 크기로 부풀 때까지 발효시킨다. 상온에서 발효시킬 때는 여름철 30분~1시간, 겨울철 1~2시간이 적당하다. 발효기를 사용할 경우에는 30분 정도를 기준으로 삼는다.

7. **마무리**
조리용 붓으로 반죽 표면에 올리브 오일(분량 외)을 바르고, 식용 암염을 살짝 뿌린다.

8. **굽기**
210도로 예열한 오븐에서 15분 동안 굽는다.

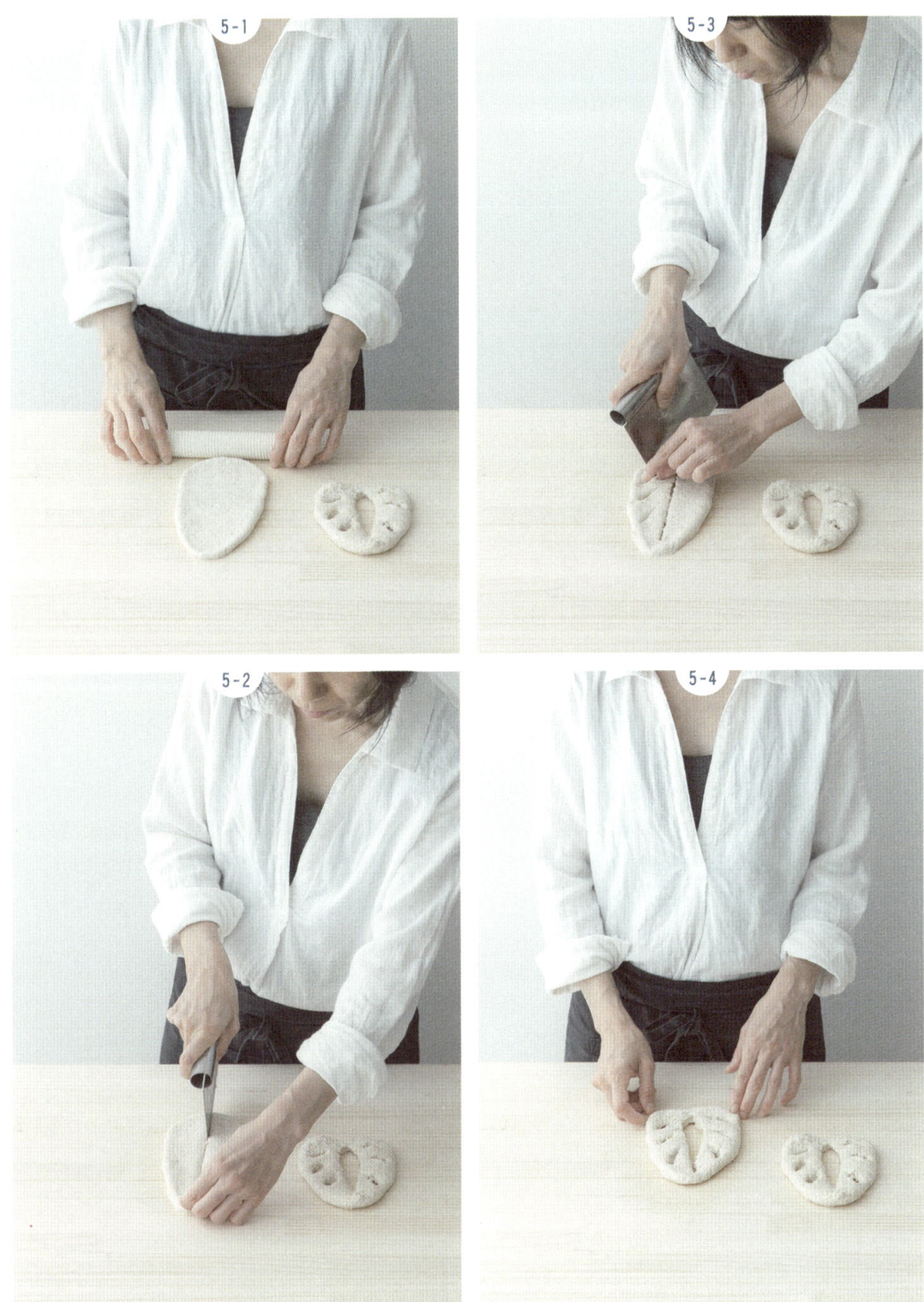
5-1
5-3
5-2
5-4

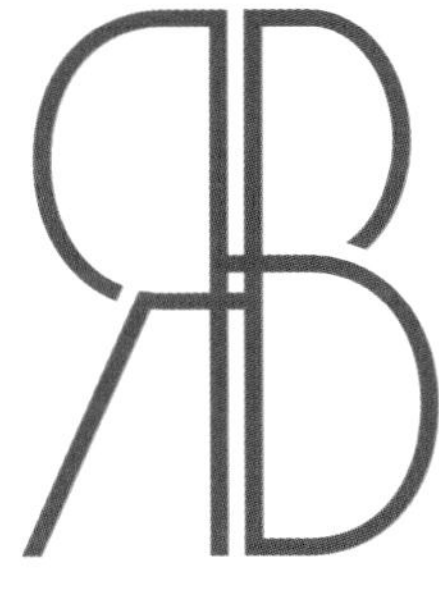

RICH BREAD

〖 리치한 빵 〗

각종 재료를 가득 넣은 리치한 빵은

손이 많이 가는 만큼 맛도 좋다.

속에 들어가는 재료뿐만 아니라 겉모습에도 신경을 썼다.

Ⅲ

GREEN LEAF PIZZA

〖 녹색잎채소 피자 〗

녹색잎채소를 얹어 피자처럼 만든 빵이다.
네모나게 혹은 둥글게 만들고 싶은 모양의 빵을 만들고
그 위에 신선한 잎채소를 풍성하게 올리자.

GREEN LEAF PIZZA

〖　녹색잎채소 피자　〗

────────────────┤ 재료〈3개 분량〉 ├────────────────

강력분	270g	**【토핑】**		올리브 오일		2Ts
전립분	30g	녹색잎채소	적당량	레몬 즙		1ts
소금	4g	올리브 오일	적당량	소금		약간
첨채당	15g	소금	약간			
물	160g	**【그린 소스】**				
효모	18g	아보카도	1개			

(아보카도의 껍질과 씨를 제거한 다음 소스 재료를 전부 푸드 프로세서에 넣고 간다.)

────────────────┤ 만드는 법 ├────────────────

1. **반죽**　　큰 볼에 강력분과 전립분을 담고 작은 볼에 소금, 첨채당, 물, 효모를 넣은 다음 주걱으로 골고루 젓는다. 큰 볼에 작은 볼의 재료를 넣고 가볍게 섞는다. 재료가 어느 정도 섞이고 나면 손으로 눌러 반죽한다. 반죽이 한 덩어리로 뭉쳐지면 작업대 위에 올린 다음 3~5분 동안 위아래로 늘여 반죽하기를 하고 다시 3~5분 동안 좌우로 굴려가며 V자로 반죽하기를 한다.

2. **1차 발효**　　반죽을 둥글게 뭉쳐 볼에 담고, 랩을 씌워 반죽이 2배 크기로 부풀 때까지 발효시킨다. 상온에서 발효시킬 때는 여름철 6시간, 겨울철 12시간이 적당하다. 발효기를 사용할 경우에는 2시간 정도를 기준으로 삼는다.

3. **분할**　　반죽을 볼에서 꺼내 3등분한 다음 각각 둥글게 뭉치고, 반죽의 가장자리를 가운데로 모아 봉한다.

4. **벤치타임**　　반죽의 이음매가 바닥에 오게 해서 반죽을 베이킹 매트 위에 올린 다음 반죽에 분무기로 물을 뿌린다. 베이킹 매트를 덮어 15분 동안 둔다.

5. **성형**(사진)　　반죽의 이음매가 아래로 오게 한 다음, 밀대로 밀어 가로 10cm×세로 18cm 크기로 만든다.

6. **마무리**　　스푼을 이용해 반죽 표면에 그린 소스를 골고루 바른다.

7. **굽기**　　220도로 예열한 오븐에서 10분 동안 굽는다. 한 김 식으면 녹색잎채소를 얹고 올리브 오일을 바른 다음 소금을 뿌린다.

5

ROSEMARY FOCA CCIA

〚 로즈메리 포카치아 〛

로즈메리의 향기가 식욕을 돋우는 이탈리아의 대표적인 빵, 포카치아.
암염이 맛에 포인트를 준다.

ROSEMARY FOCACCIA

〚　로즈메리 포카치아　〛

───────────────┤ 재료〈한 덩어리 분량〉├───────────────

강력분 ────────── 300g　　물 ────────── 150g　　**【토핑】**

소금 ────────── 5g　　효모 ────────── 24g　　생 로즈메리 ────── 적당량

올리브 오일 ────── 40g　　　　　　　　　　　　식용 암염 ────── 적당량

───────────────┤ 만드는 법 ├───────────────

1. **반죽**　　　큰 볼에 강력분을 담고 작은 볼에 소금, 올리브 오일, 물, 효모를 넣은 다음 주걱으로 골고루 젓는다. 큰 볼에 작은 볼의 재료를 넣고 가볍게 섞는다. 재료가 어느 정도 섞이고 나면 손으로 눌러 반죽한다. 반죽이 한 덩어리로 뭉쳐지면 작업대 위에 올린 다음 3~5분 동안 위아래로 늘여 반죽하기를 하고 다시 3~5분 동안 좌우로 굴려가며 V자로 반죽하기를 한다.

2. **1차 발효**　　반죽을 둥글게 뭉쳐 볼에 담고, 랩을 씌워 반죽이 2배 크기로 부풀 때까지 발효시킨다. 상온에서 발효시킬 때는 여름철 6시간, 겨울철 12시간이 적당하다. 발효기를 사용할 경우에는 2시간 정도를 기준으로 삼는다.

3. **분할**　　　반죽을 볼에서 꺼내 한 덩어리로 둥글게 뭉치고, 반죽의 가장자리를 가운데로 모아 봉한다.

4. **벤치타임**　　반죽의 이음매가 바닥에 오게 해서 반죽을 베이킹 매트 위에 올린 다음 반죽에 분무기로 물을 뿌린다. 베이킹 매트를 덮어 15분 동안 둔다.

5. **성형**　　　반죽의 이음매가 아래로 오게 한 다음, 밀대로 밀어 가로 18cm×세로 20cm 크기로 만든다.

6. **2차 발효**　　오븐 팬에 오븐 시트를 깔고, 이음매가 바닥에 오게 해서 반죽을 늘어놓는다. 반죽이 약 1.5배 크기로 부풀 때까지 발효시킨다. 상온에서 발효시킬 때는 여름철 30분~1시간, 겨울철 1~2시간이 적당하다. 발효기를 사용할 경우에는 30분 정도를 기준으로 삼는다.

7. **마무리**(사진)　반죽 곳곳을 손가락으로 눌러 아홉 군데가 움푹 패게 한다. 조리용 붓으로 올리브 오일(분량 외)을 바르고, 파인 곳에 로즈메리를 얹고 소금을 뿌린다.

8. **굽기**　　　210도로 예열한 오븐에서 12분 동안 굽고, 온도를 200도로 낮춰 다시 8분 동안 굽는다. 한 김 식으면 빵 표면에 조리용 붓으로 올리브 오일(분량 외)을 바른다.

BANANA BREAD

【 바나나 빵 】

바나나 향이 은은하게 풍기면서 입안에 단맛이 퍼지는 바나나 빵.
간식으로 즐기기 좋다.

BANANA BREAD

〖 바나나 빵 〗

재료 〈4개 분량〉

강력분	125g	첨채당	30g	바나나(푸드 프로세서에 간 것)	
전립분	155g	카놀라유	20g		100g
쌀가루	50g	물	100g	메이플 시럽	적당량
소금	4g	효모	24g	코코넛 플레이크	적당량

만드는 법

1. **반죽**
큰 볼에 강력분과 전립분, 쌀가루를 담고 작은 볼에 소금, 첨채당, 카놀라유, 물, 바나나, 효모를 넣은 다음 주걱으로 골고루 젓는다. 큰 볼에 작은 볼의 재료를 넣고 가볍게 섞는다. 재료가 어느 정도 섞이고 나면 손으로 눌러 반죽한다. 반죽이 한 덩어리로 뭉쳐지면 작업대 위에 올린 다음 3~5분 동안 위아래로 늘여 반죽하기를 하고 다시 3~5분 동안 좌우로 굴려가며 V자로 반죽하기를 한다.

2. **1차 발효**
반죽을 둥글게 뭉쳐 볼에 담고, 랩을 씌워 반죽이 2배 크기로 부풀 때까지 발효시킨다. 상온에서 발효시킬 때는 여름철 6시간, 겨울철 12시간이 적당하다. 발효기를 사용할 경우에는 2시간 정도를 기준으로 삼는다.

3. **분할**
반죽을 볼에서 꺼내 4등분한 다음 각각 둥글게 뭉치고, 반죽의 가장자리를 가운데로 모아 봉한다.

4. **벤치타임**
반죽의 이음매가 바닥에 오게 해서 반죽을 베이킹 매트 위에 올린 다음 반죽에 분무기로 물을 뿌린다. 베이킹 매트를 덮어 15분 동안 둔다.

5. **성형**(사진)
반죽의 이음매가 위로 오게 한 다음, 밀대로 밀어 가로 10cm×세로 20cm 크기로 만든다. 반죽을 옆으로 돌려 가로로 길게 놓고, 바깥쪽에서 몸 쪽으로 둘둘 만다. 끝부분은 손으로 꾹꾹 눌러 봉한다.

6. **2차 발효**(사진)
미니 파운드 틀(11.5cm×6cm×높이 5cm)의 크기에 맞춰 오븐 시트를 잘라서 깐 다음, 이음매가 바닥에 오게 해서 반죽을 넣는다. 반죽이 약 1.5배 크기로 부풀 때까지 발효시킨다. 상온에서 발효시킬 때는 여름철 1~2시간, 겨울철 90분~2시간이 적당하다. 발효기를 사용할 경우에는 1시간~90분 정도를 기준으로 삼는다.

7. **마무리**
조리용 붓으로 반죽 표면에 메이플 시럽을 바르고, 코코넛 플레이크를 뿌린다.

8. **굽기**
190도로 예열한 오븐에서 20분 동안 굽는다.

5-1
5-3
5-2
6

SPICE DONUT

〖 스파이스 도넛 〗

다양한 향신료를 블렌딩해서 어른스러운 맛을 낸 스파이스 도넛.
스파이스의 양은 입맛에 따라 조절하자.

SPICE DONUT

[[스파이스 도넛]]

재료 〈6개 분량〉

박력분	200g	물	140g	스파이스(카다멈 파우더, 시나몬 파우더, 클로브(정향) 파우더, 넛맥(육두구) 파우더)
강력분	70g	카놀라유	15g	
전립분	30g	효모	24g	.... 합쳐서 1ts
소금	3g	사탕수수설탕	적당량	카놀라유 혹은 미강유(튀김용)
첨채당	25g			.... 적당량

만드는 법

1. 반죽
큰 볼에 박력분과 강력분, 전립분, 스파이스를 담고 작은 볼에 소금, 첨채당, 물, 카놀라유, 효모를 넣은 다음 주걱으로 골고루 젓는다. 큰 볼에 작은 볼의 재료를 넣고 가볍게 섞는다. 재료가 어느 정도 섞이고 나면 손으로 눌러 반죽한다. 반죽이 한 덩어리로 뭉쳐지면 작업대 위에 올린 다음 3~5분 동안 위아래로 늘여 반죽하기를 하고 다시 3~5분 동안 좌우로 굴려가며 V자로 반죽하기를 한다.

2. 1차 발효
반죽을 둥글게 뭉쳐 볼에 담고, 랩을 씌워 반죽이 2배 크기로 부풀 때까지 발효시킨다. 상온에서 발효시킬 때는 여름철 6시간, 겨울철 12시간이 적당하다. 발효기를 사용할 경우에는 2시간 정도를 기준으로 삼는다.

3. 분할
반죽을 볼에서 꺼내 6등분한 다음 각각 둥글게 뭉치고, 반죽의 가장자리를 가운데로 모아 봉한다.

4. 벤치타임
반죽의 이음매가 바닥에 오게 해서 반죽을 베이킹 매트 위에 올린 다음 반죽에 분무기로 물을 뿌린다. 베이킹 매트를 덮어 15분 동안 둔다.

5. 성형(사진)
반죽의 이음매가 위로 오게 한 다음, 밀대로 밀어 가로 10cm×세로 20cm 크기의 타원형을 만든다. 반죽을 옆으로 돌려 가로로 길게 놓고, 바깥쪽에서 몸 쪽으로 둘둘 만다. 끝부분은 손으로 꾹꾹 눌러 봉한다. 반죽을 가운데에서 양끝 방향으로 길게 늘여 20cm 길이의 둥근 막대 모양을 만든 다음 양끝을 풀어지지 않게 잘 이어 둥근 고리 모양을 만든다.

6. 2차 발효
오븐 팬에 오븐 시트를 깔고, 이음매가 바닥에 오게 해서 반죽을 늘어놓는다. 반죽이 약 1.5배 크기로 부풀 때까지 발효시킨다. 상온에서 발효시킬 때는 여름철 30분~1시간, 겨울철 1~2시간이 적당하다. 발효기를 사용할 경우에는 30분 정도를 기준으로 삼는다.

7. 마무리(사진)
170도의 기름에서 윗면과 아랫면을 각각 50초씩 튀긴 다음 오븐 시트를 깐 오븐 팬 위에 놓는다.

8. 굽기
150도로 예열한 오븐에서 10분 동안 굽는다. 도넛이 아직 뜨거울 때 그 위에 사탕수수설탕을 뿌린다.

CHOCO LATE

〖 쇼콜라 〗

반죽에는 코코아 파우더, 필링에는 초콜릿이 들어간 쇼콜라는
은은한 쓴맛 뒤에 달콤함이 느껴져 질리지 않는다.

CHOCOLATE

〚 쇼콜라 〛

재료〈6개 분량〉

강력분	200g	소금	4g	효모	24g
박력분	100g	첨채당	30g	비터 초콜릿(잘게 부순 것)	30g
코코아 파우더(무가당)	15g	물	150g	호두	6알

만드는 법

1. **반죽**
큰 볼에 강력분과 박력분, 코코아 파우더를 담고 작은 볼에 소금, 첨채당, 물, 효모를 넣은 다음 주걱으로 골고루 젓는다. 큰 볼에 작은 볼의 재료를 넣고 가볍게 섞는다. 재료가 어느 정도 섞이고 나면 손으로 눌러 반죽한다. 반죽이 한 덩어리로 뭉쳐지면 작업대 위에 올린 다음 3~5분 동안 위아래로 늘여 반죽하기를 하고 다시 3~5분 동안 좌우로 굴려가며 V자로 반죽하기를 한다.

2. **1차 발효**
반죽을 둥글게 뭉쳐 볼에 담고, 랩을 씌워 반죽이 2배 크기로 부풀 때까지 발효시킨다. 상온에서 발효시킬 때는 여름철 6시간, 겨울철 12시간이 적당하다. 발효기를 사용할 경우에는 2시간 정도를 기준으로 삼는다.

3. **분할**
반죽을 볼에서 꺼내 6등분한 다음 각각 둥글게 뭉치고, 반죽의 가장자리를 가운데로 모아 봉한다.

4. **벤치타임**
반죽의 이음매가 바닥에 오게 해서 반죽을 베이킹 매트 위에 올린 다음 반죽에 분무기로 물을 뿌린다. 베이킹 매트를 덮어 15분 동안 둔다.

5. **성형**(사진)
반죽의 이음매가 위로 오게 한 다음, 밀대로 밀어 지름 10cm 크기의 원형을 만든다. 그 위에 비터 초콜릿을 적당량 올리고 반죽으로 감싸 풀어지지 않게 봉한다.

6. **2차 발효**
오븐 팬에 오븐 시트를 깔고, 원형 틀(지름 9cm×높이 3cm)을 놓는다. 반죽을 이음매가 바닥에 오게 해서 틀 중앙에 넣고 반죽 한가운데에 호두를 박는다. 반죽이 약 1.5배 크기로 부풀 때까지 발효시킨다. 상온에서 발효시킬 때는 여름철 30분~1시간, 겨울철 1~2시간이 적당하다. 발효기를 사용할 경우에는 30분 정도를 기준으로 삼는다.

7. **마무리**(사진)
차 거름망을 이용해 반죽 표면의 절반에 강력분(분량 외)을 뿌리고, 그 위에 오븐 시트를 덮는다.

8. **굽기**
오븐 팬을 겹쳐 놓고, 190도로 예열한 오븐에서 14분 동안 굽는다. 오븐 팬을 겹쳐 놓으면 압력이 가해져 빵 표면이 부풀지 않고 평평해진다.

5-1
5-2
5-3
5-4
7
8

VEGETABLE CURRY BREAD

〖 채소 카레 빵 〗

고기를 넣지 않고 채소로 만든 카레 빵은 건강에도 좋아 점심이나 저녁 식사로 먹기 좋다.
피크닉 등에 가져가도 인기 만점이다.

VEGETABLE CURRY BREAD

〖 채소 카레 빵 〗

───────────────┤ 재료 〈6개 분량〉 ├───────────────

강력분	200g		강황가루	1ts
프랑스빵용 준강력분	100g		커민 파우더	1과 1/2ts
카레 가루	10g		고수(코리앤더) 파우더	1/2ts
소금	4g		가람 마살라*	1ts
첨채당	15g		소금	1ts
카놀라유	20g		생강(간 것)	1쪽
물	140g		마늘(간 것)	1쪽
효모	24g		카놀라유	1Ts
커민 씨	약간		간장	2ts
파프리카 파우더	약간		물	500cc

【 카레 필링 】

병아리콩(3시간 이상 물에 불려둔다)	100g		밀가루	3Ts
감자(깍둑썰기)	3개		물	3Ts

*Garam Masala, 인도의 혼합 향신료

카레 필링 냄비에 병아리콩을 넣고 콩이 잠길 만큼 물(분량 외)을 부은 다음 콩이 부드러워질 때까지 삶는다. 다른 냄비에 카놀라유를 두르고 생강과 마늘을 먼저 볶은 다음 여기에 감자를 함께 넣고 볶는다. 병아리콩을 삶은 냄비에서 물을 버리고, 여기에 다시 물(500cc)과 소금을 넣어 끓인다. 물이 펄펄 끓으면 중간보다 조금 약하게 불을 줄이고 강황가루, 커민 파우더, 고수 파우더, 가람 마살라, 간장을 넣은 뒤 감자가 부드러워질 때까지 삶는다. 어느 정도 수분이 날아가면 물(3Ts)에 밀가루 푼 것을 넣고 반죽으로 쌀 수 있을 만큼 되직하게 만든다.

1. **반죽** 큰 볼에 강력분과 프랑스빵용 준강력분, 카레 가루를 담고 작은 볼에 소금, 첨채당, 카놀라유, 물, 효모를 넣은 다음 주걱으로 골고루 젓는다. 큰 볼에 작은 볼의 재료를 넣고 가볍게 섞는다. 재료가 어느 정도 섞이고 나면 손으로 눌러 반죽한다. 반죽이 한 덩어리로 뭉쳐지면 작업대 위에 올린 다음 3~5분 동안 위아래로 늘여 반죽하기를 하고 다시 3~5분 동안 좌우로 굴려가며 V자로 반죽하기를 한다.

2. **1차 발효** 반죽을 둥글게 뭉쳐 볼에 담고, 랩을 씌워 반죽이 2배 크기로 부풀 때까지 발효시킨다. 상온에서 발효시킬 때는 여름철 6시간, 겨울철 12시간이 적당하다. 발효기를 사용할 경우에는 2시간 정도를 기준으로 삼는다.

3. **분할** 반죽을 볼에서 꺼내 6등분한 다음 각각 둥글게 뭉치고, 반죽의 가장자리를 가운데로 모아 봉한다.

4. **벤치타임** 반죽의 이음매가 바닥에 오게 해서 반죽을 베이킹 매트 위에 올린 다음 반죽에 분무기로 물을 뿌린다. 베이킹 매트를 덮어 15분 동안 둔다.

5. **성형(사진)** 반죽의 이음매가 위로 오게 한 다음, 밀대로 밀어 지름 15cm 크기의 원형을 만든다. 반죽 중앙에 카레 필링 1Ts을 올려 잘 감싼 다음 터지지 않게 봉한다.

6. **2차 발효** 오븐 팬에 오븐 시트를 깔고, 반죽을 이음매가 바닥에 오게 해서 늘어놓는다. 반죽이 약 1.5배 크기로 부풀 때까지 발효시킨다. 상온에서 발효시킬 때는 여름철 30분~1시간, 겨울철 1~2시간이 적당하다. 발효기를 사용할 경우에는 30분 정도를 기준으로 삼는다.

7. **마무리** 반죽 표면에 커민 씨와 파프리카 파우더를 뿌린다.

8. **굽기** 200도로 예열한 오븐에서 15분 동안 굽는다.

RED LENTIL PASTE BREAD

〚 빨간 렌틸콩 페이스트 빵 〛

납작하게 생긴 렌틸콩은 익히는 시간이 짧아서 간편하게 페이스트를 만들 수 있다.
빨간 렌틸콩 페이스트가 가득 들어간 빵은 독특하고 색다른 맛을 낸다.

RED LENTIL PASTE BREAD

[[빨간 렌틸콩 페이스트 빵]]

재료〈6개 분량〉

강력분	250g	물	155g
전립분	50g	효모	24g
소금	4g		
첨채당	18g		

【 페이스트 】

빨간 렌틸콩	1/2컵
첨채당	1/4컵

페이스트   냄비에 빨간 렌틸콩을 넣고 콩이 잠길 정도로 물(분량 외)을 부어 불에 올린다. 렌틸콩이 부드러워지면 첨채당을 넣고 수분이 날아갈 때까지 가끔씩 저어가며 졸인 뒤 한 김 식힌다.

1. **반죽**   큰 볼에 강력분과 전립분을 담고 작은 볼에 소금, 첨채당, 물, 효모를 넣은 다음 주걱으로 골고루 젓는다. 큰 볼에 작은 볼의 재료를 넣고 가볍게 섞는다. 재료가 어느 정도 섞이고 나면 손으로 눌러 반죽한다. 반죽이 한 덩어리로 뭉쳐지면 작업대 위에 올린 다음 3~5분 동안 위아래로 늘여 반죽하기를 하고 다시 3~5분 동안 좌우로 굴려가며 V자로 반죽하기를 한다.

2. **1차 발효**   반죽을 둥글게 뭉쳐 볼에 담고, 랩을 씌워 반죽이 2배 크기로 부풀 때까지 발효시킨다. 상온에서 발효시킬 때는 여름철 6시간, 겨울철 12시간이 적당하다. 발효기를 사용할 경우에는 2시간 정도를 기준으로 삼는다.

3. **분할**   반죽을 볼에서 꺼내 6등분한 다음 각각 둥글게 뭉치고, 반죽의 가장자리를 가운데로 모아 봉한다.

4. **벤치타임**   반죽의 이음매가 바닥에 오게 해서 반죽을 베이킹 매트 위에 올린 다음 반죽에 분무기로 물을 뿌린다. 베이킹 매트를 덮어 15분 동안 둔다.

5. **성형**(사진)   반죽의 이음매가 위로 오게 한 다음, 밀대로 밀어 지름 10cm 크기의 원형을 만든다. 반죽 중앙에 렌틸콩 페이스트 1Ts을 올려 잘 감싼 다음 터지지 않게 봉하고 한가운데에 호두를 박는다.

6. **2차 발효**(사진)   오븐 팬에 오븐 시트를 깔고, 원형 틀(지름 9cm×높이 3cm)을 놓는다. 이음매가 바닥에 오게 해서 반죽을 틀 중앙에 넣고, 반죽이 약 1.5배 크기로 부풀 때까지 발효시킨다. 상온에서 발효시킬 때는 여름철 30분~1시간, 겨울철 1~2시간이 적당하다. 발효기를 사용할 경우에는 30분 정도를 기준으로 삼는다.

7. **마무리**   차 거름망을 이용해 반죽 표면에 강력분(분량 외)을 뿌린다.

8. **굽기**   반죽 위에 오븐 시트를 덮은 다음 그 위에 오븐 팬을 겹쳐 놓는다. 그 상태로 190도로 예열한 오븐에서 14분 동안 굽는다. 오븐 팬을 겹쳐 놓으면 압력이 가해져 빵 표면이 부풀지 않고 평평해진다.

CINNA MON ROLL

〖 시나몬 롤 〗

카페에서 파는 시나몬 롤을 가정에서도 손쉽게 만들 수 있다.
소용돌이 모양의 시나몬 롤에 커피나 홍차를 곁들여보자.

CINNAMON ROLL

〚 시나몬 롤 〛

재료 〈6개 분량〉

강력분	200g	흑설탕	20g	시나몬 파우더	적당량
전립분	50g	물	145g	흑설탕(필링용)	적당량
박력분	50g	카놀라유	15g	호두(잘게 부순 것)	적당량
소금	4g	효모	24g		

만드는 법

1. **반죽**
큰 볼에 강력분과 전립분, 박력분을 담고 작은 볼에 소금, 흑설탕, 물, 카놀라유, 효모를 넣은 다음 주걱으로 골고루 젓는다. 큰 볼에 작은 볼의 재료를 넣고 가볍게 섞는다. 재료가 어느 정도 섞이고 나면 손으로 눌러 반죽한다. 반죽이 한 덩어리로 뭉쳐지면 작업대 위에 올린 다음 3~5분 동안 위아래로 늘여 반죽하기를 하고 다시 3~5분 동안 좌우로 굴려가며 V자로 반죽하기를 한다.

2. **1차 발효**
반죽을 둥글게 뭉쳐 볼에 담고, 랩을 씌워 반죽이 2배 크기로 부풀 때까지 발효시킨다. 상온에서 발효시킬 때는 여름철 6시간, 겨울철 12시간이 적당하다. 발효기를 사용할 경우에는 2시간 정도를 기준으로 삼는다.

3. **분할**
반죽을 볼에서 꺼내 한 덩어리로 둥글게 뭉치고, 반죽의 가장자리를 가운데로 모아 봉한다.

4. **벤치타임**
반죽의 이음매가 바닥에 오게 해서 반죽을 베이킹 매트 위에 올린 다음 반죽에 분무기로 물을 뿌린다. 베이킹 매트를 덮어 15분 동안 둔다.

5. **성형(사진)**
반죽의 이음매가 위로 오게 한 다음, 밀대로 밀어 가로 25cm×세로 20cm 크기로 만든다. 반죽 위에 흑설탕을 골고루 깐 다음 그 위에 시나몬 파우더와 호두를 차례대로 뿌리고, 바깥쪽에서 몸 쪽으로 둘둘 만다. 끝부분은 손으로 꾹꾹 눌러 봉한 다음 반죽을 6등분한다.

6. **2차 발효(사진)**
오븐 팬에 오븐 시트를 깔고, 자른 단면이 위로 오게 반죽을 늘어놓는다. 반죽이 약 1.5배 크기로 부풀 때까지 발효시킨다. 상온에서 발효시킬 때는 여름철 30분~1시간, 겨울철 1~2시간이 적당하다. 발효기를 사용할 경우에는 30분 정도를 기준으로 삼는다.

7. **마무리**
반죽 표면에 흑설탕(분량 외)을 적당히 뿌린다.

8. **굽기**
190도로 예열한 오븐에서 14분 동안 굽는다.

5-1
5-2
5-3
5-4
5-5
5-6
5-7
6

RICH BREAD

SOYMILK

CREAM

BREAD

〖 두유 크림 빵 〗

두유 크림 빵은 크림이 묵직하지 않아 남녀노소 누구나 부담 없이 간식으로 즐길 수 있다.
머핀 틀에 구워 모양도 앙증맞다.

SOYMILK CREAM BREAD

〖 두유 크림 빵 〗

──── 재료 〈8개 분량〉 ────

강력분	250g	물	150g	**【두유 크림】**	
전립분	25g	카놀라유	10g	두유	1컵
박력분	25g	효모	24g	첨채당	3Ts
소금	4g	아몬드 슬라이스	적당량	갈분	2Ts
첨채당	20g	두유	적당량	물	2Ts

두유 크림　　냄비에 두유와 첨채당을 넣고 중불에 끓여 첨채당을 녹인다. 여기에 물에 녹인 갈분을 조금씩 부어 잘 섞은 다음 약한 불에 졸인다. 조금 단단한 크림 상태가 되면 불을 끄고 한 김 식힌다. 스테인리스로 만들어진 사각 트레이에 오븐 시트를 깔고, 두유 크림을 부어 평평하게 만든 다음 냉동실에서 1시간 정도 얼린다.

1. **반죽**　　큰 볼에 강력분과 전립분, 박력분을 담고 작은 볼에 소금, 첨채당, 물, 카놀라유, 효모를 넣은 다음 주걱으로 골고루 젓는다. 큰 볼에 작은 볼의 재료를 넣고 가볍게 섞는다. 재료가 어느 정도 섞이고 나면 손으로 눌러 반죽한다. 반죽이 한 덩어리로 뭉쳐지면 작업대 위에 올린 다음 3~5분 동안 위아래로 늘여 반죽하기를 하고 다시 3~5분 동안 좌우로 굴려가며 V자로 반죽하기를 한다.

2. **1차 발효**　　반죽을 둥글게 뭉쳐 볼에 담고, 랩을 씌워 반죽이 2배 크기로 부풀 때까지 발효시킨다. 상온에서 발효시킬 때는 여름철 6시간, 겨울철 12시간이 적당하다. 발효기를 사용할 경우에는 2시간 정도를 기준으로 삼는다.

3. **분할**　　반죽을 볼에서 꺼내 8등분한 다음 각각 둥글게 뭉치고, 반죽의 가장자리를 가운데로 모아 봉한다.

4. **벤치타임**　　반죽의 이음매가 바닥에 오게 해서 반죽을 베이킹 매트 위에 올린 다음 반죽에 분무기로 물을 뿌린다. 베이킹 매트를 덮어 15분 동안 둔다.

5. **성형**(사진)　　반죽의 이음매가 위로 오게 한 다음, 밀대로 밀어 지름 10cm 크기의 원형을 만든다. 냉동실에서 차갑게 얼린 두유 크림을 8등분한 다음 반죽 중앙에 올려 잘 감싼 다음 터지지 않게 봉한다.

6. **2차 발효**(사진)　　오븐 팬에 머핀 틀을 올리고, 일회용 머핀 컵을 깐다. 머핀 컵 안에 이음매가 바닥에 오게 해서 반죽을 넣고, 그 위에 아몬드 슬라이스를 살짝 박는다. 반죽이 약 1.5배 크기로 부풀 때까지 발효시킨다. 상온에서 발효시킬 때는 여름철 30분~1시간, 겨울철 1~2시간이 적당하다. 발효기를 사용할 경우에는 30분 정도를 기준으로 삼는다.

7. **마무리**　　조리용 붓으로 반죽 표면에 두유를 바른다.

8. **굽기**　　190도로 예열한 오븐에서 14분 동안 굽는다.

GREEN TEA & ADZUKI BEAN SPIRAL BREAD

〖 녹차&팥 스파이럴 브레드 〗

단맛을 줄인 팥소를 반죽에 넣고 둥글게 말아 소용돌이무늬를 냈다.
녹차의 쌉싸래한 맛과 팥소의 달콤한 맛이 절묘한 조화를 이룬다.

SPIRAL BREAD

〖 녹차&팥 스파이럴 브레드 〗

―――――――――――| 재료 〈4개 분량〉 |―――――――――――

강력분	300g	첨채당	25g	**【팥소】**	
녹차가루	6g	물	160g	팥	1컵
소금	4g	효모	24g	첨채당	1/2컵

팥소 냄비에 팥을 넣고, 팥이 잠길 정도로 물(분량 외)을 부어 끓인다. 가끔씩 거품을 건어내면서 1시간 정도 삶는다. 팥이 부드러워져 갈라지기 시작하면 첨채당을 넣고 수분이 더 날아가도록 바싹 졸인다. 수분이 거의 다 날아가면 한 김 식힌다.

1. **반죽** 큰 볼에 강력분과 녹차가루를 담고 작은 볼에 소금, 첨채당, 물, 효모를 넣은 다음 주걱으로 골고루 젓는다. 큰 볼에 작은 볼의 재료를 넣고 가볍게 섞는다. 재료가 어느 정도 섞이고 나면 손으로 눌러 반죽한다. 반죽이 한 덩어리로 뭉쳐지면 작업대 위에 올린 다음 3~5분 동안 위아래로 늘여 반죽하기를 하고 다시 3~5분 동안 좌우로 굴려가며 V자로 반죽하기를 한다.

2. **1차 발효** 반죽을 둥글게 뭉쳐 볼에 담고, 랩을 씌워 반죽이 2배 크기로 부풀 때까지 발효시킨다. 상온에서 발효시킬 때는 여름철 6시간, 겨울철 12시간이 적당하다. 발효기를 사용할 경우에는 2시간 정도를 기준으로 삼는다.

3. **분할** 반죽을 볼에서 꺼내 4등분한 다음 각각 둥글게 뭉치고, 반죽의 가장자리를 가운데로 모아 봉한다.

4. **벤치타임** 반죽의 이음매가 바닥에 오게 해서 반죽을 베이킹 매트 위에 올린 다음 반죽에 분무기로 물을 뿌린다. 베이킹 매트를 덮어 15분 동안 둔다.

5. **성형**(사진) 반죽의 이음매가 위로 오게 한 다음, 밀대로 밀어 가로 10cm×세로 20cm 크기로 만든다. 가장자리에서 1cm 안쪽까지 팥소를 골고루 올린 다음 몸 쪽으로 둘둘 만다. 끝부분은 손으로 꾹꾹 눌러 봉한다.

6. **2차 발효**(사진) 미니 파운드 틀(11.5cm×6cm×높이 5cm)의 크기에 맞춰 오븐 시트를 잘라서 깐 다음, 이음매가 바닥에 오게 해서 반죽을 넣는다. 반죽이 약 1.5배 크기로 부풀 때까지 발효시킨다. 상온에서 발효시킬 때는 여름철 30분~1시간, 겨울철 1~2시간이 적당하다. 발효기를 사용할 경우에는 30분 정도를 기준으로 삼는다.

7. **마무리** 차 거름망을 이용해 반죽 표면에 강력분(분량 외)을 뿌린다.

8. **굽기** 190도로 예열한 오븐에서 20분 동안 굽는다.

WITH BREAD

〚 빵과 어울리는 음식 〛

빵에 곁들여 먹으면 빵의 맛을 한층 더 살려주는 것들.
수프, 샐러드, 잼, 페이스트, 음료 등을
그때그때 기분에 따라 즐겨보자.

Ⅳ

PUMPKIN SOUP

〚 단호박 수프 〛

수프 중에서 비교적 만들기 쉬운 편이다.
맛이 진해서 빵을 찍어 먹으면 맛있다.

―――――――――――――――――| 재료〈4인분〉 |―――――――――――――――――

단호박(껍질을 벗기고 씨와 속을 제거해 한입 크기로   올리브 오일 ―――――――――――――― 1Ts
썬다) ――――――――――― 1/4개(500g)   물 ―――――――――――――― 4컵(800cc)
양파(다진 것) ―――――――――――― 100g   소금 ―――――――――――――― 약간
강황가루 ――――――――――――――― 1ts   볶은 단호박 씨앗 ―――――――――― 적당량

―――――――――――――――――| 만드는 법 |―――――――――――――――――

1. 냄비에 올리브 오일을 두르고 불에 올려 양파를 살짝 볶는다.

2. 단호박을 넣고 함께 볶는다.

3. 여기에 물을 붓고, 물이 끓기 시작하면 중간보다 약한 불에서 15분 정도 끓인다. 도중에 소금을 넣
   는다.

4. 단호박이 부드러워지면 푸드 프로세서에 넣어 간다.

5. 다시 냄비에 담아 약한 불에 올린 다음 강황가루를 넣고 몇 분 정도 기다린다.

6. 그릇에 담고 올리브 오일(분량 외)을 두른 다음 단호박 씨앗을 잘게 부수어 뿌린다.

BROCCOLI SOUP

[[브로콜리 수프]]

아름다운 녹색으로 눈까지 즐거운 브로콜리 수프.
콜리플라워로 응용해봐도 좋다.

------| 재료〈4인분〉 |------

브로콜리(기둥과 줄기를 떼고, 송이만 쓴다)
.... 1개(300g)

양파(다진 것) .... 1/2개(100g)

감자(껍질을 벗겨 한입 크기로 썬다) ... 1개(200g)

두유 50cc

올리브 오일 1Ts

물 750cc

소금 .... 약간

이탈리안 파슬리(잘게 썬다) .... 적당량

------| 만드는 법 |------

1. 냄비에 올리브 오일을 두르고 불에 올려 양파를 살짝 볶는다.

2. 감자를 넣고 함께 볶다가 브로콜리를 넣고 살짝 볶는다.

3. 물을 부은 뒤, 물이 끓기 시작하면 불을 약하게 줄인 상태에서 15분 정도 기다린다. 도중에 소금을 넣는다.

4. 재료가 부드러워지면 푸드 프로세서에 넣고 간다.

5. 다시 냄비에 옮겨 담은 뒤 약한 불에 올리고, 두유를 첨가해 2~3분 정도 끓인다.

6. 그릇에 담아 이탈리안 파슬리로 장식한 뒤 두유(분량 외)를 살짝 두른다.

TOMATO SOUP

〖 토마토 수프 〗

토마토의 산미가 식욕을 자극한다.

맛이 깔끔해서 부담 없이 가볍게 즐길 수 있는 수프로, 은은한 붉은색을 띤다.

―――――――――――――――――――| 재료〈4인분〉|――――――――――――――――――――

토마토(껍질을 벗기지 않고 한입 크기로 썬다)　　　　마늘(다진 것) ―――――――――――――― 1쪽

―――――――――――― 450g (중간 크기 3개)　　물 ――――――――――――― 4컵 (800cc)

셀러리(줄기 부분을 사용, 1cm 정도로 깍둑썰기 한다)　　소금 ―――――――――――――――――― 약간

――――――――――――――――――― 70g　　생 로즈메리 ―――――――――――― 1~2줄기

양파(다진 것) ――――――――――― 100g　　검은 후추 ―――――――― 적당량(취향에 따라)

올리브 오일 ―――――――――――― 1Ts　　레몬 ―――――――――――――――― 적당량

―――――――――――――――――――| 만드는 법 |―――――――――――――――――――

1. 냄비에 올리브 오일을 두르고 불에 올려 마늘을 볶는다.

2. 양파를 함께 넣어 살짝 볶는다.

3. 셀러리를 넣고 살짝 볶은 다음 토마토도 함께 넣어 볶는다.

4. 물을 부은 뒤, 물이 끓기 시작하면 불을 약하게 줄인 상태에서 20분 정도 기다린다. 도중에 소금을
   넣는다.

5. 로즈메리를 넣고 약한 불에서 4~5분 정도 끓인다.

6. 그릇에 옮겨 담은 뒤 입맛에 따라 후추를 뿌리고 얇게 썬 레몬으로 장식한다.

RASPBERRY SOUP

〖 라즈베리 수프 〗

시선을 사로잡을 만큼 선명한 붉은빛을 띤 수프.
섹시함마저 느껴지는 수프와 빵의 조화가 식탁을 풍성하게 한다.

──────────────┤ 재료〈4인분〉├──────────────

라즈베리(냉동 라즈베리는 해동해서 사용한다)   두유 ───────────── 50cc

──────────────── 300g   아가베 시럽 ───────────── 1Ts

물 ──────────── 1컵(200cc)   코코넛 크림 ───────────── 적당량

──────────────┤ 만드는 법 ├──────────────

1. 푸드 프로세서에 라즈베리, 물, 두유, 아가베 시럽을 넣어 간다.

2. 그릇에 부은 다음 코코넛 크림을 스푼으로 떠서 두른다.

BEET SALAD

〚 비트 샐러드 〛

붉은색이 특징인 비트는 우크라이나식 수프인 보르시에 사용하는 재료로 유명하지만,
영양이 풍부하여 샐러드에 넣어 먹어도 좋다.

--------| 재료〈4인분〉 |--------

비트(껍질을 벗기고 부채꼴로 썬다) ········· 1/2개　　**【 드레싱 】**

사과(씨를 빼고, 부채꼴로 썬다) ········· 1개　　올리브 오일 ········· 1Ts

호두 ········· 적당량　　아가베 시럽 ········· 1Ts

화이트와인 비네거 ········· 1Ts

--------| 만드는 법 |--------

1. 볼에 비트와 사과를 담고, 드레싱을 부어 골고루 섞는다.
2. 호두를 잘게 부수어 뿌린다.

QUINOA & VEGETABLE SALAD

〚 퀴노아&채소 샐러드 〛

잡곡인 퀴노아를 채소와 함께 샐러드로 만들었다.
퀴노아의 양을 늘리면 단순히 빵에 곁들이는 음식이 아니라 메인 디시로 즐길 수 있다.

재료〈4인분〉

퀴노아 ……………………………………… 1/2컵	**【 드레싱 】**
고구마(껍질을 벗겨 1cm 크기로 깍둑썰기)	올리브 오일 ………………………… 2Ts
……………………………… 1/2개 (250g)	레몬 즙 ……………………………… 1Ts
당근(껍질을 벗겨 1cm 크기로 깍둑썰기) …… 1개	화이트와인 비네거 ………………… 2Ts
주키니(돼지호박)(1cm 크기로 깍둑썰기) …… 1개	캐러웨이 씨 ………………………… 약간

만드는 법

1. 냄비에 물을 넣고 끓인 뒤 고구마와 당근을 넣고 부드러워질 때까지 데친다.

2. 작은 냄비에 퀴노아와 물 1컵을 넣고 끓인다. 펄펄 끓으면 불을 약하게 줄인 뒤 10분 정도 삶는다.

3. 1과 2를 물기 빼서 볼에 담고 주키니를 넣은 다음 드레싱을 뿌려 골고루 섞는다.

TOFU MAYONNAISE SALAD

〚 감자와 당근을 넣은 두부 마요네즈 샐러드 〛

감자 샐러드에 마요네즈 대신 두유를 넣었다.
기름지지 않아 맛이 담백하고, 먹고 나면 속이 든든하다.

재료 〈4인분〉

감자(1cm 크기로 깍둑썰기) …… 3개(500g)	카놀라유 …… 1Ts
당근(껍질을 벗겨 1cm 크기로 깍둑썰기) …… 1개	일본 백된장(시로미소) …… 1ts
소금 …… 약간	레몬 즙 …… 1ts
【 두부 마요네즈 】	홀 그레인 머스터드 …… 1Ts
목면두부(체에 놓고 3시간 이상 누름돌을 얹어 물기를 뺀다) …… 180g	소금 …… 약간
	두유 …… 1Ts
화이트와인 비네거 …… 2Ts	이탈리안 파슬리 …… 적당량

만드는 법

1. 냄비에 감자와 당근을 넣고, 잠길 정도로 물을 부어 불에 올린다. 소금을 약간 넣고 감자와 당근이 부드러워질 때까지 삶는다.
2. 푸드 프로세서에 두부 마요네즈 재료를 넣어 간다.
3. 물기를 뺀 1에 2를 넣고 골고루 버무려 그릇에 담고 이탈리안 파슬리를 얹어 장식한다.

FRESH FRUIT SALAD

〖 생과일 샐러드 〗

제철 과일을 이용한 샐러드.

포도 이외에도 딸기나 귤, 사과 등 각종 제철 과일을 이용해 알록달록한 샐러드를 만들자.

재료〈4인분〉

씨 없는 거봉	10알	**【 드레싱 】**	
샤인 머스캣	5알	발사믹 식초	2Ts
호두	적당량	아가베 시럽	2Ts
		민트 잎	약간

만드는 법

1. 발사믹 식초와 아가베 시럽을 냄비에 넣고 끓여 살짝 졸인다.

2. 그릇에 씨 없는 거봉과 샤인 머스캣을 담고, 1을 뿌린 다음 민트 잎으로 장식한다.

STRAWBERRY & LEMON JAM

〚 딸기&레몬 잼 〛

딸기가 제철일 때 만들면 좋다.
레몬의 산미가 은은하게 풍기는 매력적인 잼이다.

재료

딸기(꼭지를 떼고 세로로 반을 자른다) …… 300g		레몬 즙 …… 1ts	
첨채당 …… 70g		레몬 껍질(잘게 다진 것) …… 1/4ts	

만드는 법

1. 냄비에 딸기를 넣고 첨채당을 뿌려 30분 정도 둔다.

2. 1을 불에 올리고 주걱으로 딸기를 으깨면서 끓여 첨채당을 녹인다.

3. 레몬 껍질과 레몬 즙을 넣고 10~15분 동안 주걱으로 저어가며 약한 불에서 졸인다.

4. 전체적으로 걸쭉해지면 불을 끄고 한 김 식힌 뒤 열탕 소독한 병에 담는다.

APPLE & VANILLA BEAN JAM

〖 사과 & 바닐라빈 잼 〗

바닐라빈의 달콤한 향이 은은히 풍기는 고급스러운 잼으로, 어느 빵에나 잘 어울린다.
입맛에 맞는 품종의 사과를 골라 만들어보자.

재료

사과(껍질을 벗겨 4등분한 다음 심을 제거하고 부채꼴로 썬다) ········· 3개(700g 정도)	첨채당 ·········· 100g
바닐라빈(가운데에 칼집을 넣는다) ·········· 1개	레몬 즙 ·········· 1ts
	물 ·········· 50cc

만드는 법

1. 냄비에 사과와 물을 넣고 불에 올린다. 끓기 시작하면 불을 약하게 줄이고 20~30분 정도 둔다.

2. 사과가 투명한 색을 띠면 바닐라빈을 넣는다.

3. 첨채당을 넣고 약한 불에 10분 정도 더 졸인다.

4. 레몬 즙을 넣고 골고루 섞은 다음 걸쭉해지면 불을 끈다.

5. 한 김 식힌 뒤 열탕 소독한 병에 담는다.

BANANA & COCONUT JAM

〖 바나나&코코넛 잼 〗

바나나와 코코넛의 풍미를 즐길 수 있는 잼으로, 갓 만들었을 때 가장 맛이 좋다.
남쪽 나라를 떠올리며 만들어보자. 코코넛 오일을 사용하는 것이 포인트다.

─────────────┤ 재료 ├─────────────

| 바나나 | 2개(180g) | 두유 | 1Ts |
| 코코넛 오일 | 2ts | 코코넛 플레이크 | 적당량 |

─────────────┤ 만드는 법 ├─────────────

1. 푸드 프로세서에 바나나, 코코넛 오일, 두유를 넣고 간다.
2. 용기에 1을 담고, 코코넛 플레이크를 뿌린다.

KIWI FRUIT & SPICE JAM

[[키위 & 스파이스 잼]]

키위의 산미와 향신료가 절묘한 조화를 이루는 오리엔털풍 잼이다.
키위의 심 부분은 잘 녹지 않으므로 잊지 말고 제거한다.

───────────────┤ 재료 ├───────────────

키위(껍질을 벗기고 세로로 4등분한 다음 흰 부분은 제   아니스 ·· 1개
거한다) ·· 3개   레몬 즙 ·· 1/2Ts
첨채당 ·· 90g

───────────────┤ 만드는 법 ├───────────────

1. 푸드 프로세서에 키위를 넣고 간다.
2. 냄비에 1과 첨채당, 아니스를 넣고 약불에 10분 정도 끓인다.
3. 걸쭉해지면 레몬 즙을 넣고 약한 불에 몇 분 동안 둔다.
4. 불을 끄고 아니스를 건져낸다.
5. 한 김 식힌 뒤 열탕 소독한 병에 담는다.

CHICK-PEA PASTE

〚 병아리콩 페이스트 〛

중동과 서아시아 지역에서 즐겨 먹는 페이스트로, 식사용 빵에 바르거나 빵 사이에 넣어 먹는다.
병아리콩 페이스트를 섭취하면 콩의 영양 성분을 그대로 흡수할 수 있다.

재료

병아리콩(3시간 이상 물에 불린다)	100g	소금	약간
마늘	1쪽	커민 파우더	약간
레몬 즙	1ts	파프리카 파우더	약간
올리브 오일	3Ts		

만드는 법

1. 냄비에 병아리콩을 담고 콩이 잠길 정도로 물을 부은 다음 불에 올린다.
2. 물이 끓으면 불을 중간 정도로 줄이고, 병아리콩이 부드러워질 때까지 30분 정도 삶는다.
3. 2의 물기를 뺀다.
4. 푸드 프로세서에 3과 마늘, 레몬 즙, 올리브 오일, 소금, 커민 파우더를 넣고 간다. 너무 되직하면 물을 조금 넣는다.
5. 접시에 옮겨 담고 그 위에 파프리카 파우더를 뿌린다.

PUMPKIN & WALNUT PASTE

〖 단호박 & 호두 페이스트 〗

단호박 특유의 달콤한 맛과 견과류인 호두의 고소한 맛이 조화를 이룬다.
빵을 한없이 먹고 싶어질 만큼 중독성 강한 맛이다.

───────────────── 재료 ├───────

단호박(껍질을 벗기고 씨와 속을 제거해 한입 크기로   참깨 페이스트(네리고마) ················· 2ts
썬다) ························· 500g   소금 ······································· 약간
호두(볶은 것) ··················· 20g   호두(장식용, 볶은 것) ················· 적당량

───────────────── 만드는 법 ├───────

1. 단호박을 찜기에 넣고 부드러워질 때까지 15분 정도 찐다.

2. 푸드 프로세서에 1과 호두, 참깨 페이스트, 소금을 넣고 간다.

3. 그릇에 옮겨 담고, 잘게 부순 호두를 뿌린다.

PEANUT PASTE

〚 땅콩 페이스트 〛

푸드 프로세서가 있으면 손쉽게 만들 수 있는 땅콩 페이스트.
땅콩무침을 만들 때 사용할 수도 있다.

─────────────────┤ 재료 ├─────────────────

땅콩 ─────────────── 300g 물 ─────────────── 1/2컵(100cc)
첨채당 ─────────────── 3Ts 코코넛 오일 ─────────────── 2Ts

─────────────────┤ 만드는 법 ├─────────────────

1. 냄비에 땅콩을 담고, 땅콩이 잠길 정도로 물을 부은 다음 불에 올린다.

2. 물이 끓으면 불을 중간 정도로 줄이고, 땅콩이 부드러워질 때까지 15분 정도 삶는다.

3. 2의 물기를 뺀다.

4. 푸드 프로세서에 3과 첨채당, 물, 코코넛 오일을 넣고 여러 번 간다.

5. 그릇에 옮겨 담는다.

AVOCADO PASTE

〖 아보카도 페이스트 〗

갓 만들었을 때가 가장 맛있는 아보카도 페이스트. 산화나 변색이 빠르므로 먹기 직전에 만든다.
영양이 풍부한 아보카도 페이스트는 피부 미용과 노화 방지에도 효과적이다.

재료			
아보카도	2개	파프리카 파우더	약간
생 캐슈너트(물에 3시간 이상 불려둔다)	1/4컵	소금	약간
간장	1ts	이탈리안 파슬리(잘게 썬 것)	적당량
레몬즙	2ts		

만드는 법

1. 아보카도에 세로로 길게 칼집을 내고 비틀어 반으로 떼어낸다. 씨를 제거한 다음 스푼으로 속을 파낸다.
2. 푸드 프로세서에 1과 생 캐슈너트, 간장, 레몬 즙, 파프리카 파우더, 소금을 넣고 간다.
3. 그릇에 옮겨 담고 이탈리안 파슬리로 장식한 다음 그 위에 파프리카 파우더를 뿌린다.

ROASTED TEA SOYMILK CHAI

〖 호지차 두유 차이 〗

호지차를 넣어 만든 차이는 홍차와는 또 다른 풍미를 느낄 수 있다.
단맛은 첨채당의 양으로 조절한다.

─────────────┤ 재료〈2인분〉 ├─────────────

호지차	2Ts	카다멈	2~3알
물	1컵(200cc)	클로브(정향)	2~3알
두유	1컵(200cc)	첨채당	적당량(기호에 따라)
시나몬 스틱	1개		

─────────────┤ 만드는 법 ├─────────────

1. 냄비에 물과 호지차를 넣어 불에 올린다.

2. 물이 끓기 시작하면 시나몬 스틱, 카다멈, 클로브, 두유를 넣고 한 번 펄펄 끓인 후 불을 끈다.

3. 컵에 따르고, 입맛에 따라 첨채당을 첨가한다.

GREEN SMOOTHIE

〚 그린 스무디 〛

몸속을 정화하는 그린 스무디.
제철 채소와 과일을 이용해 만들어보자.

──────────────────── 재료〈2인분〉 ────────────────────

소송채 ──────────────────── 80g

바나나(껍질을 깐다) ──────── 1컵(80g)

사과(껍질을 벗기고 심을 제거해 4등분한다)
──────────────────── 1/2개(60g)

물 ──────────────────── 1/2컵(100cc)

──────────────────── 만드는 법 ────────────────────

1. 모든 재료를 스무디 머신 혹은 믹서에 넣고 간다.

2. 유리컵에 따른다.

GINGER TEA

〚 생강차 〛

생강은 몸을 따뜻하게 한다.
추운 계절에 빵과 생강차로 아침을 시작하면 몸이 훈훈해질 것이다.

재료〈2인분〉

생강(간 것)	1쪽	물	2컵(400cc)
첨채당	2ts	얇게 썬 레몬	적당량
레몬 즙	2ts		

만드는 법

1. 냄비에 물과 생강, 첨채당을 넣고 불에 올린다.

2. 끓으면 불을 약하게 줄이고, 레몬 즙을 넣어 섞은 뒤 불을 끈다.

3. 컵에 따르고 얇게 썬 레몬을 띄운다.

SOYBEAN FLOUR SOYMILK

〖 콩가루 두유 〗

콩을 넣어 만든 건강한 음료다.
콩가루와 두유는 잘 어울리는 데다 맛과 향이 강하지 않아 누구나 쉽게 즐길 수 있다.

재료〈2인분〉

두유 ……… 2컵(400cc)	첨채당 ……… 1Ts
콩가루 ……… 1Ts	시나몬 파우더 ……… 적당량(기호에 따라)

만드는 법

1. 냄비에 두유, 콩가루, 첨채당을 넣고 불에 올린다.

2. 끓으면 불을 약하게 줄인 다음 첨채당이 녹고 콩가루가 잘 섞이도록 주걱으로 젓는다.

3. 컵에 따른 후 시나몬 파우더를 뿌린다.

빵 향기 가득한 일상으로의 초대!

빵을 만드는 즐거움은 계량, 반죽, 성형 등 완성에 이르기까지의 전 과정과 갓 구운 빵을 맛보는 일에 있습니다.

빵은 효모를 이용해 만드는 살아 있는 음식입니다. 기온이나 습도에 따라 반죽의 상태가 달라집니다. 부디 시간을 들여 빵과 마주하면서 매 순간 재료 상태에 따라 물의 양이나 반죽의 정도 등을 조절해보시기 바랍니다.

또 자신이 좋아하는 재료를 넣거나 형태를 달리하는 식으로 이 책에 나온 레시피를 응용해본다면 좀 더 독특하고 다양한 빵을 만들 수 있을 것입니다. 여러분이 이 책을 읽고 날마다 빵을 즐기고, 빵을 여러분의 생활 속으로 끌어들일 수 있다면 좋겠습니다.

이 책을 구입하신 모든 분들에게 감사 말씀을 전합니다. 그리고 모두 하루하루를 건강하게 보낼 수 있기를 바랍니다. 이 책이 전 세계 사람들에게 사랑받기를 기원해봅니다.

아사쿠라 미치요

ATELIER SANTE

옮긴이 황세정

이화여자대학교 식품영양학과를 졸업했으며 동 대학 통역번역대학원 일본어 번역과 석사를 취득했다. 취미 삼아 시작한 일본어에 푹 빠져 번역가의 길을 선택했다. 번역서 같지 않다는 말을 최고의 칭찬으로 여기며 오늘도 자연스러운 문장을 만들기 위해 힘쓰고 있다. 현재 (주)엔터스코리아에서 출판기획 및 일본어 전문 번역가로 활동 중이다. 옮긴 책으로『뇌 스트레스를 없애는 생활법』,『수면습관이 건강을 좌우한다』,『나사 하나로 세계를 정복하다』,『조선교통사 1』(공역),『모나리자는 왜 루브르에 있을까』,『두근두근 일본여행 시리즈』,『방에서 키우는 싱싱 채소』,『35세 넘어 걱정없는 똑똑한 임신출산』,『아시아 力』,『화장의 마법』,『손바닥 롤케이크』,『일본 카레요리 전문셰프 8인의 도쿄 카레』 등이 있다.

백설탕, 달걀, 유제품이 들어가지 않는 빵 만들기

비건 브레드

1판 1쇄 펴낸날 2018년 3월 19일

지은이 | 아사쿠라 미치요
옮긴이 | 황세정

펴낸이 | 박경란
펴낸곳 | 심플라이프
등   록 | 제2011-000219호(2011년 8월 8일)
전   화 | 031-941-3887
팩   스 | 031-941-3667
이메일 | simplebooks@daum.net
블로그 | http://simplebooks.blog.me

ISBN 979-11-86757-23-9   13590

• 이 도서의 국립중앙도서관 출판시도서목록(CIP)은 서지정보유통지원시스템 홈페이지(http://seoji.nl.go.kr)와 국가자료공동목록시스템(http://www.nl.go.kr/kolisnet)에서 이용하실 수 있습니다.(CIP 제어번호: 2018006351)